21世纪高等教育计算机规划教材

SQL Server
数据库及PHP技术

SQL Server DataBase Technology &
PHP DataBase Programming

■ 丛书主编 赵 欢

■ 编 著 李春翔 谢晓燕 杨圣洪

人民邮电出版社

北京

图书在版编目（CIP）数据

SQL Server数据库及PHP技术 / 李春翔，谢晓艳，杨圣洪编著. -- 北京：人民邮电出版社，2016.2
21世纪高等教育计算机规划教材
ISBN 978-7-115-41700-8

Ⅰ. ①S… Ⅱ. ①李… ②谢… ③杨… Ⅲ. ①关系数据库系统－高等学校－教材②PHP语言－程序设计－高等学校－教材 Ⅳ. ①TP311.138②TP312

中国版本图书馆CIP数据核字(2016)第021765号

内 容 提 要

本书从实用角度出发，结合丰富的案例介绍了 SQL Server 数据库技术和 PHP 网络编程技术。

全书共 7 章，分为两部分。第一部分为数据库基础，由第 1~6 章组成，包括数据库基础知识、关系数据库、SQL Server 数据库管理、结构化查询语言 SQL、数据库设计、数据库高级主题等内容。第二部分介绍 PHP 网络编程技术，由第 7 章组成，通过较为完整的实战案例介绍了运用 PHP 技术访问数据库并实现网络应用的方法。

本书以主流数据库管理系统 SQL Server 2012 作为案例的演练平台，注重数据库技术的实际应用，强调理论与实践紧密结合。本书各章后均配有习题，具有较强的实践性。

本书可以作为大学本科"数据库与程序设计"课程教材，也可作为相关技术人员的参考书。

◆ 丛书主编　赵　欢

编　著　李春翔　谢晓艳　杨圣洪
责任编辑　邹文波
责任印制　沈　蓉　彭志环

◆ 人民邮电出版社出版发行　　北京市丰台区成寿寺路 11 号
邮编　100164　电子邮件　315@ptpress.com.cn
网址　http://www.ptpress.com.cn
三河市潮河印业有限公司印刷

◆ 开本：787×1092　1/16
印张：14.75　　　　　　　　2016 年 2 月第 1 版
字数：385 千字　　　　　　　2016 年 2 月河北第 1 次印刷

定价：35.00 元

读者服务热线：(010)81055256　印装质量热线：(010)81055316
反盗版热线：(010)81055315

前　言

电子计算机的发明是人类历史上最伟大的发明之一,它使人类社会进入了信息时代。第一台现代电子计算机已诞生 70 年了,计算机技术以不可思议的速度发展,迅速改变着世界和人类生活。如今,计算已经"无所不在",计算机与其他设备甚至是生活用品之间的界限日益淡化,现代社会的每个人都要与计算机打交道,每个家庭每天也在不经意间使用了很多"计算机"设备,数字化社会以不可抗拒之势到来,社会对人们掌握计算机技术的程度要求已远远超过以往任何时期。走在时代前列的大学生,有必要了解计算机发展历史、发展趋势,掌握计算机科学与技术的基本概念、一般方法和新技术,以便更好地使用计算机及计算机技术为社会服务。

近几年来,各高校都在逐步进行顺应时代的教育教学创新改革,大学计算机基础教育在课程体系、教学内容、教学理念和教学方法上都有了较大提升,本套丛书正是这项改革的产物。

关于本套丛书

本套教材包括以下 7 本。
* 计算机科学概论
* 计算机操作实践
* 高级 Office 技术
* SQL Server 数据库及 PHP 技术
* MATLAB 及 Mathematic 软件应用
* SPSS 软件应用
* 多媒体技术及应用

本套教材可以适用于不同类型的学校和不同层次的学生,也可作为相关研究者的参考书。前面 3 本具有更广的适用性,后面几本更倾向于教学中的各个模块,针对不同专业类的学生学校可以选择不同模块组织教学。

关于《SQL Server 数据库及 PHP 技术》

网络程序设计与数据库技术是计算机科学两个关键知识体系,也是信息技术在现实中应用最广泛的两个领域。目前的教材都是专注于其中的一项内容;一些基础编程类教材对数据库基础与 SQL 语言介绍不多,而数据库技术教材则在网络程序设计方面较薄弱。

本书内容重点为大公共课中的两大知识模块"数据库系统基础"与"程序设计基础",并参考小公共课程"数据库与程序设计"的教学要求来组织内容。

本书介绍 SQL Server 数据库及 PHP 技术,适合作为普通高等院校计算机基础教学的教材。

本书的创新之处是扩展了数据库访问方面的内容,并使用大量实例来帮助读者循序渐进地学习,目的是使读者能够更好地综合运用网络程序设计和数据库技术。

1

SQL Server 是 Microsoft 公司开发的关系型数据库，是应用最广泛的数据库管理系统之一。SQL Server 2012 扩展了以前版本的性能、可靠性、可用性、可编程性和易用性，使其成为大型联机事务（OLTP）、数据仓库和电子商务应用的优秀数据库平台。另外，它还具有完整的 Web 功能，使用户能够在 Internet 商业领域快速创建应用。

PHP 是一种通用开源脚本语言。语法吸收了 C 语言、Java 和 Perl 的特点，利于学习，使用广泛，主要适用于 Web 开发领域。

本书逻辑上分为两部分。

第一部分为数据库基础。由 1~6 章组成，主要内容有数据库概述、关系数据库、SQL Server 数据库管理、结构化查询语言 SQL、数据库设计、数据库高级主题等内容。

第二部分为 PHP 网络编程技术，内容包括 Web、服务器 Apache、PHP、SQL Server 2012 PHP 组件的安装与设置，PHP 基础知识、PHP 操作 SQL Server 数据库。

建议授课 32 学时。第一部分与第二部分分别为 24、8 学时。并配备不少于 1∶1 的实践学时。授课教师可以根据不同专业的特点，灵活选取教材中的各章节进行讲授，另外教材中有部分章节为自主学习内容，在章节名称前加有*号。

本书第 3、5、6 章由李春翔编写，第 1、2、4 章由谢晓艳编写，第 7 章由杨圣洪编写。全书由李春翔统稿。

网站资源

读者可有如下两种途径获取本书教学资源。

（1）通过人民邮电出版社教学资源网站：http://www.ptpress.com.cn/download，可免费下载 PPT 教案、操作案例和素材包。

（2）通过中国大学精品资源课程网站：http://www.icourses.cn/coursestatic/course_2799.html，除可获取上述资源外，还可在线学习。

致谢

感谢湖南大学信息科学与工程学院院长李仁发教授对本书提出的指导性建议；感谢湖南大学信息科学与工程学院副院长赵欢教授对本丛书编写的组织和指导；同时感谢杨圣洪、李根强、陈娟等老师，他们参与了本书大纲的讨论，并提供了参考意见。

由于编者水平有限，加之编写时间仓促，书中难免有错误和不当之处，请读者批评指正。

李春翔
2016 年 1 月

目 录

第1章
数据库系统概述

随着计算机技术的发展和社会信息量的不断增长，数据库技术得到了迅速的发展，数据库技术已经成为信息社会中对大量数据进行组织和管理的主要方式，在各个领域发挥着它的强大功能。

目前，广泛使用的大型数据库管理系统有 Oracle、Sybase、DB2 等，中小型数据库管理系统有 SQL Server、MySQL、Visual FoxPro 和 Access 等。

本章将介绍数据库、数据库系统、数据库管理系统等基本概念以及它们之间的相互关系，并着重介绍数据库系统的组成和数据模型的相关概念。

1.1　信息、数据与数据处理

在数据处理中，我们最常用到的基本概念就是信息和数据，信息与数据有着不同的含义。

1.1.1　信息

信息是关于现实世界事物的存在方式或运动状态的反映的综合，具体说是一种被加工为特定形式的数据，但这种数据形式对接收者来说是有意义的，而且对当前和将来的决策具有明显或实际的价值。

如"2015 年沪深指数将上涨 100%"，对接收者有意义，使接收者据此作出决策。

信息是可存储、加工、传递和再生的。动物用大脑存储信息，叫做记忆。计算机存储、录音、录像等技术的发展，进一步扩大了信息存储的范围。借助计算机，还可对收集到的信息进行取舍等整理。

1.1.2　数据

数据是指存储在某一种媒体上能够识别的物理符号。数据是信息的载体，信息是数据的内涵。数据是数据库中存储的基本对象。

在数据处理领域，数据不仅包括数字、字母、文字和一些特殊字符组成的文本形式的数据，还包括图形、图像、动画、影像、声音等多媒体数据。

可用多种不同的数据形式表示同一信息，而信息不随数据形式的不同而改变。

如"2015 年沪深指数将上涨 100%"，其中的数据可改为汉字形式"两千一五年""百分之一百"。

数据的概念在数据处理领域中已大大地拓宽了，其表现形式不仅包括数字和文字，还包括图形、图像、声音等。这些数据可以记录在纸上，也可记录在各种存储器中。

1.1.3　数据处理

数据处理是指将数据转换成信息的过程。数据处理过程包括数据的输入、存储、分类、排序、检索、维护、加工、统计和传输等一系列活动。通过数据处理，可以获得我们需要的信息，通过分析信息，帮助我们对事物进行预测和决策。

可用下式简单的表示信息、数据与数据处理的关系：

信息=数据+数据处理

数据是原料，是输入，而信息是产出，是输出结果。"信息处理"的真正含义应该是为了产生信息而处理数据。

1.2　数据库技术的产生与发展

计算机对数据的管理是指对数据的组织、分类、编码、存储、检索和维护。计算机数据管理经历了人工管理、文件系统和数据库系统三个阶段。

1.2.1　人工管理阶段

20 世纪 50 年代中期以前，计算机主要用于科学计算。数据不能独立存储，数据附属于计算机程序，随程序一起运行和消失。计算机硬件没有磁盘等直接存储设备，只有磁带、卡片、纸带等外部存储设备；软件没有操作系统，所有数据完全由人工进行管理。

人工管理阶段的特点如下。

（1）数据不能保存，一组数据对应于一组应用程序。在进行计算时，系统将应用程序与数据一起装入内存，通过应用程序对数据进行处理。任务完成后，释放被占用的数据和程序的内存空间。

（2）数据与程序不具有独立性，数据依赖于程序，程序员不仅要规定数据的逻辑结构，还要设计数据在存储器中的存储结构、存储方法等。如果数据在存储上改变了，程序员就必须修改程序。

（3）没有文件的概念，数据的组织方法由应用程序自己控制。

（4）数据不能共享。一个应用程序中的数据不能被其他应用程序所用，如果多个应用程序使用相同的数据，必须各自定义自己的数据结构和存储方式，程序间不能共享数据，因此造成了大量相同数据的冗余。

人工管理阶段的数据管理模型如图 1-1 所示。

图 1-1　人工管理阶段的数据管理模型

1.2.2　文件系统阶段

20 世纪 50 年代后期到 60 年代中期，计算机大量地用于数据管理。用于直接存取的磁盘、磁鼓等成为主要外存，在软件中有了高级语言和操作系统。

文件系统阶段的特点如下。

（1）数据可以长期保存在磁盘上。在外存中保存的数据，用户可以反复调用、查询和修改。

（2）程序与数据有了一定的独立性。程序和数据分开存储，分别存储在程序文件和数据文件中，程序只需用文件名访问数据文件，而不必关心数据在存储器上的具体位置。

（3）文件系统的数据独立性低。文件系统中的数据文件通常是服务于某一特定的应用程序，数据和程序还存在互相依赖，数据冗余量大，当数据的逻辑结构发生改变时，必须修改相应的应用程序，更新开销大。

（4）数据的共享性差，数据冗余大。

文件系统阶段的数据管理模型如图 1-2 所示。

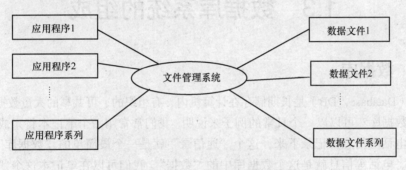

图 1-2　文件系统阶段的数据管理模型

1.2.3　数据库系统阶段

20 世纪的 60 年代后期，随着计算机技术的迅速发展，需要计算机管理的数据量越来越大，出现了大容量的磁盘。同时，多用户、多应用共享数据的需求越来越强，文件系统的数据管理方式已不能满足需要，为了实现计算机对数据的统一管理，达到数据共享的目的，产生了数据库技术。70 年代后期，数据库技术得到了迅猛发展，成为计算机科学的一个重要分支。

数据库技术的主要目的是有效地管理和存取大量的数据资源，包括提高数据的共享性，使多个用户能够同时访问数据库中的数据；减少数据的冗余度，以提高数据的一致性和完整性；提供数据与应用程序的独立性，从而减少应用程序的开发和维护代价。

数据库系统的特点如下。

（1）数据的结构化。数据库中的数据以一定的逻辑结构存放，由数据库系统的数据模型决定。

（2）实现数据共享，数据冗余度低。数据库中的数据面向系统，通过数据库管理系统来统一管理，减少了数据的冗余，实现了不同应用程序间的数据共享。

（3）具有较高的数据独立性。数据和程序彼此独立。把数据从程序中分离出来，当数据发生变化时，不需要修改应用程序。

（4）数据控制能力。数据库可以被多个用户或应用程序所共享，由数据库管理系统统一管理和控制，有效地提供了数据的安全性、完整性和并发控制等功能。

数据库系统阶段的数据管理模型如图 1-3 所示。

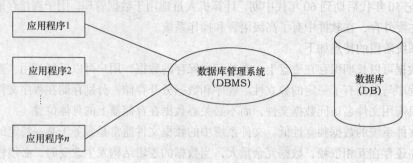

图 1-3　数据库系统阶段的数据管理模型

1.3　数据库系统的组成

1.3.1　数据库

数据库（Database，DB）是长期储存在计算机内、有组织的、可共享的大量数据集合。

什么是数据库？可以以一个日常的例子来说明。我们常常用一个笔记本将亲戚和朋友的姓名、地址、电话等信息都记录下来，这个"通信录"就是一个最简单的"数据库"，每个人的姓名、地址、电话等信息就是这个数据库中的"数据"。我们可以在笔记本这个"数据库"中添加新朋友的个人信息，也可以出于某个朋友的电话变动而修改他的电话号码这个"数据"。我们使用笔记本这个"数据库"还为了能随时查到某位亲戚或朋友的地址、邮编或电话号码这些"数据"。

实际上"数据库"就是为了实现一定的目的按某种规则组织起来的"数据"的"集合"，在我们的生活中这样的数据库可是随处可见的，图 1-4 所示的学生登记表就是一例。

学生登记表

学　号	姓　名	年　龄	性　别	系　名	年　级
95004	王小明	19	女	社会学	95
95006	黄大鹏	20	男	商品学	95
95008	张文斌	18	女	法律学	95
…	…	…	…	…	…

图 1-4　数据库举例——学生登记表

数据库中的数据按一定的数据模型组织、描述和存储，具有较小的冗余度，较高的数据独立性和易扩展性，可以被多个用户、多个应用程序共享。

1.3.2　数据库管理系统

数据库管理系统（Database Management System，DBMS）是位于用户与操作系统之间的一层数据管理软件，它是由系统运行控制程序、语言翻译程序和一组公用程序组成的。

数据库管理系统是管理数据库的软件，是数据库系统的核心。它对数据库的建立、使用和维护进行管理。

数据库管理系统的功能也可以一个日常的例子来说明。

数据库里的数据像图书馆里的图书一样，也要让人能够很方便地找到才行。如果所有的书都不按规则，胡乱堆在各个书架上，那么借书的人根本就没有办法找到他们想要的书。同样的道理，如果把很多数据胡乱地堆放在一起，让人无法查找，这种数据集合也不能称为"数据库"。

数据库的管理系统就是从图书馆的管理方法改进而来的。人们将越来越多的资料存入计算机中，并通过一些编制好的计算机程序对这些资料进行管理。这些程序后来就被称为"数据库管理系统"，它们可以帮我们管理输入到计算机中的大量数据，就像图书馆的管理员。

图书管理员在查找一本书时，首先要通过目录检索找到那本书的分类号和书号，然后在书库找到那一类书的书架，并在那个书架上按照书号的大小次序查找，这样很快就能找到我所需要的书。同样的道理，数据管理系统也能帮助我们很快找到数据库中所需的数据。如图 1-5 所示。

图 1-5　数据库管理系统举例——图书管理员

数据库管理系统的主要功能包括 4 个方面。

（1）数据定义功能（DDL）：可以方便地定义数据，定义数据库的数据对象，如数据库、表等。

（2）数据操纵功能（DML）：实现对数据库的基本操作——查询、插入、删除和修改等。

（3）数据库的控制功能（DCL）：包括并发控制、数据的安全性检测、完整性约束条件和权限控制等，以便保证数据库系统正确有效地运行。

（4）数据库的维护功能：各种类型故障的恢复，数据库的转储、数据库的重组和性能监视、分析功能。

1.3.3　数据库系统

数据库系统（Database System，DBS）是指在计算机系统中引入数据库后的系统构成，如图 1-6 所示。

图 1-6　数据库系统层次示意图

在不引起混淆的情况下常常把数据库系统简称为数据库。

1. 数据库系统的组成

数据库系统由硬件系统、数据库、数据库管理系统、应用系统和各类人员五部分组成。

（1）硬件系统

硬件系统包括 CPU、内存、外存、输入/输出设备等硬件设备。

数据库系统对硬件的要求如下。

① 要有足够大的内存。由于要运行操作系统、数据库管理系统和应用程序，要求计算机有足够大的内存。

② 要有足够大的外存储空间。由于数据库的大量数据、系统软件和应用软件都保存在外存储器中，因此，要有足够大的外存。

③ 要有较高的通信能力，以提高数据传输率。

（2）数据库

数据库是指存储在计算机外存中，结构化的相关数据的集合。

（3）数据库管理系统

数据库管理系统是管理数据库的软件，是数据库系统的核心。

（4）应用系统

应用系统是指在数据库管理系统提供的软件平台上，结合各领域的应用需求开发的软件产品。如学生学籍管理系统、图书管理系统、财务管理系统等。

（5）相关人员

数据库系统中还包括系统分析员、数据库管理员、系统安全员、应用程序员、最终用户等相关人员。

2. 数据库系统的特点

（1）数据的结构化

数据库中的数据以一定的逻辑结构存放，由数据库系统的数据模型决定。

（2）实现数据共享，数据冗余度低

数据库中的数据面向系统，通过数据库管理系统来统一管理，减少了数据的冗余，实现了不同应用程序间的数据共享。

（3）具有较高的数据独立性

数据和程序彼此独立。把数据从程序中分离出来，当数据发生变化时，不需要修改应用程序。

（4）数据控制能力

数据库可以被多个用户或应用程序所共享，由数据库管理系统统一管理和控制，有效地提供了数据的安全性、完整性和并发控制等功能。

1.4　数据模型

将事物的主要特征抽象地用一种形式化的描述表示出来，建立一种抽象的模型，在信息领域中称这种模型为数据模型。

数据模型是模型的一种，是现实世界数据特征的抽象。

数据模型通常由数据结构、数据操作和数据的约束条件三个要素组成。

1. 数据结构

数据结构用于描述系统的静态特性。

在数据库系统中，人们通常按照其数据结构的类型来命名数据模型。

数据结构有层次结构、网状结构和关系结构三种类型，按照这三种结构命名的数据模型分别称为层次模型、网状模型和关系模型。

2. 数据操作

数据操作用于描述系统的动态特性。

数据操作是对数据库中各种数据操作的集合，包括操作及相应的操作规则，如数据的检索、插入、删除和修改等。数据模型必须定义这些操作的确切含义、操作规则以及实现操作的语言。

3. 数据的约束条件

数据的约束条件是一组完整性规则的集合。

完整性规则是给定的数据模型中数据及其联系所具有的制约和依存规则，用以限定符合数据模型的数据库状态以及状态的变化，以保证数据的正确、有效、相容。

数据模型还应该提供定义完整性约束条件的机制，以反映具体应用数据必须遵守语义约束条件。例如，在学生数据库中，学生的年龄不得超过 40 岁。

1.4.1　概念模型

概念模型是对现实世界的抽象反映。在现实世界中，人们通过观察和认识客观事物，在头脑中产生主观认知，经过分析、归纳、提取、抽象，形成概念模型。目前常用实体联系模型表示概念模型。

1. 实体

实体（Entity）是客观存在并能够互相区别的事物，实体可以是具体人、事、物，如学生、计算机；也可以是抽象的概念或联系，如商场购物、图书馆还书。

2. 属性

实体所具有的特性称为属性（Attributes），一个实体可以用多个属性来描述。如学生实体具有属性学号、姓名、性别、出生年月、班级、所属院系等。

3. 实体型

具有相同属性的实体具有共同的特征和性质，用实体名及其属性集合描述的同类实体，称为实体型（EntityType）。如学生（学号、姓名、性别、出生年月、班级、所属院系）就是一个实体型。

4．实体集

同类型实体的集合为实体集（Entity Set）。如所有的学生就是一个实体集。

5．联系

实体联系是指实体集之间的联系（Relationship），它反映了实体集之间的某种关联。实体间的联系分为一对一联系、一对多联系、多对多联系 3 种。

（1）一对一联系

对于实体集 A 中的每一个实体在实体集 B 中仅有一个实体与之联系，反之亦然。

例如：班级和班长之间存在一对一的联系。每个班级只有一个正班长，而一个班长对应一个班级，则实体班级和实体班长之间的联系是一对一的联系。

（2）一对多联系

对于实体集 A 中的每一个实体，实体集 B 中有多个实体与之对应；反之，对于实体集 B 中的每一个实体，实体集 A 中只有一个实体与之对应。

如班级和学生之间存在一对多的联系。一个班级有多名学生，而一个学生只能属于一个班级，则实体班级和实体学生之间的联系是一对多的联系。

（3）多对多联系

对于实体集 A 中的每一个实体，实体集 B 都有多个实体与之对应；反之，对于实体集 B 中的每一个实体，实体集 A 中也有多个实体与之对应。

如学生和课程之间存在多对多的联系。一个学生可以选修多门课程，而一本课程也可以被多个学生所选择，则实体学生和实体课程之间的联系是多对多的联系。

6．实体—关系图

在实体—关系图（Entity Relationship Diagram，E-R 图）中，表示实体、属性和关系的图形符号如下所示。

实体集表示法：矩形。例如，学生实体集。

属性表示法：椭圆形。例如，学号、姓名、性别、出生年月等。

联系表示法：菱形。

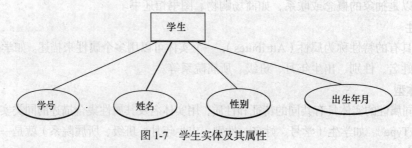

例如，学生实体及其属性的 E-R 图，如图 1-7 所示。

图 1-7　学生实体及其属性

1.4.2　数据模型

数据模型是整个数据库系统的核心。数据模型对分散的数据进行有序的整理，按一定的格式进行组织，并按最合理的方式存储到存储介质中，它描述的是数据的逻辑结构。

数据库系统中常用的数据模型有层次模型、网状模型和关系模型。

1. 层次模型

层次模型是以树形结构来表示实体与实体之间的联系。树中的每个结点代表一种实体类型。

在层次模型中，根结点在最上层，每个实体由根开始沿着不同的分支放在不同的层上，如果不再向下分支，则分支序列中最后的结点称为"叶"。根结点和叶结点以外的结点称为枝结点。

层次模型通常用来表示实体之间的一对多的联系，如图 1-8 所示。

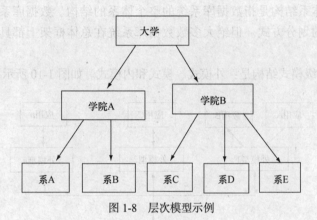

图 1-8　层次模型示例

2. 网状模型

网状模型以网状结构表示实体与实体之间的联系。在网状模型中，用节点表示实体。

在网状模型中，允许结点有多于一个的父结点；可以有一个以上的结点没有父结点，如图 1-9 所示。

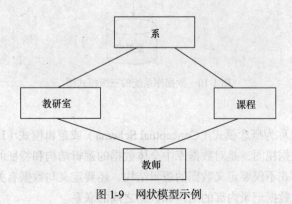

图 1-9　网状模型示例

3. 关系模型

以二维表的形式表示实体及实体之间的联系的模型称为关系模型。关系模型是建立在关系代数的基础上，因而具有坚实的理论基础，与层次模型和网状模型相比，具有数据结构单一、理论严密、易学易用的特点。

1.5 数据库系统结构

1.5.1 数据库系统的三级模式结构

数据模型中有型和值的概念，型是指对某一类数据的结构和属性的说明，值是型的一个具体赋值。

模式是数据库中全体数据的逻辑结构和特征的描绘，它仅仅涉及型的描述，不涉及具体的值。

模式是相对稳定的而实例是相对变动的，模式反映的是数据的结构及其联系，而实例反映的数据库某一时刻的状态。

数据库系统的体系结构是指数据库系统的整个体系的结构。数据库系统的体系结构从不同的角度可有不同的划分方式。但绝大多数数据库系统在总体框架上都具有三级模式的结构特征。

数据库系统的三级模式结构是：外模式、模式和内模式。如图 1-10 所示。

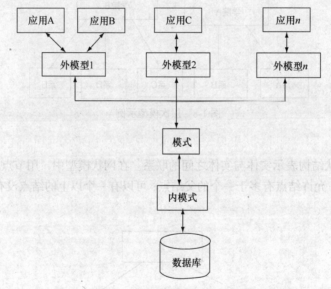

图 1-10　数据库系统的三级模式图

1. 模式

模式（Schema）也称为概念模式（Conceptual Schema）或逻辑模式（Logical Schema），是所有数据库用户的公共数据视图，是对数据库中全体数据的逻辑结构和特征的描述。模式由若干个概念记录类型组成，模式不仅要定义数据的逻辑结构，还要定义与数据有关的完整性、安全性的要求；同时，还要定义数据记录内部的结构和数据之间的联系。

2. 外模式

外模式也称子模式或用户模式，是数据库用户的数据视图，它是数据库用户能够看见和使用的局部数据的逻辑结构和特征的描述，即与某一应用有关的数据的逻辑表示。

外模式通常是模式的子集，也可以是整个模式。一个数据库可有多个外模式。由于不同的用户对应用需求、对数据的保密要求等不同，所以外模式的描述是不同的。同一个外模式可以为某一用户的多个应用系统所使用，但一个应用程序只能使用一个外模式。

外模式由若干个外部记录类型组成。外部模式最接近用户，是单个用户所能看到的数据特性。

外模式是用户与数据库系统的接口，是用户用到的那部分数据的描述；用户使用数据操纵语言（DML）语句对数据库进行操作，实际上是对外模式的外部记录进行操作。

3. 内模式

内模式也称存储模式，一个数据库只有一个内模式，是数据在数据库内部的表示方式，涉及到物理数据存储的结构，物理存储数据视图的描述。

内模式是数据库在物理存储方面的描述，定义所有内部记录类型、索引和文件的组织方式，以及数据控制方面的细节。

数据库管理系统提供内模式描述语言（DDL）定义内模式。

4. 二级映像

为了能够在内部实现这三个抽象层次的联系和转换，数据库管理系统在这三级模式之间提供了两级映像。

（1）外模式/模式映像

外模式／模式映象存在于外部模式和概念模式之间，用于定义外模式和概念模式之间的对应关系。

对于每一个外模式，数据库系统都有一个外模式/模式映像，它定义了该外模式与模式之间的对应关系、这些映像定义通常包含在各自外模式的描述中。

（2）模式/内模式映像

数据库中只有一个模式和一个内模式，所以这个映像是唯一的。模式／内模式映象存在于概念模式和内部模式之间，用于定义概念模式和内模式之间的对应性。由于这两级的数据结构可能不一致，即记录类型、字段类型的命名和组成可能不一样，因此需要这个映象说明概念记录和内部记录之间的对应性。

5. 数据独立性

由于数据库系统采用三级模式结构，因此系统具有数据独立性的特点。数据独立性是指应用程序和数据库的数据结构之间相互独立。

（1）物理数据独立性

如果数据库的内模式要修改，即数据库的物理结构有所变化，那么只要管理员对模式／内模式映象做相应的修改即可，这样可以使模式保持不变，从而应用程序也不必改变，保证了数据与程序的物理独立性。

（2）逻辑数据独立性

如果数据库的模式要修改，如增加数据项或记录类型，那么由管理员对外模式／模式映象做相应的修改，可以使外模式保持不变，而应用程序是根据外模式编写的，应用程序不必修改，保证了数据与程序的逻辑独立性。

数据和程序之间的独立性，减少了应用程序的维护和修改的代价。

1.5.2　数据库系统的外部体系结构

随着计算机体系结构的发展，数据库系统的外部体系结构有如下 5 种结构：单用户结构、主从式结构、分布式结构、客户 / 服务器结构（C/S）、浏览器/Web 服务器/数据库服务器结构（B/W/S）。

1. 单用户结构

单用户结构就是整个数据库系统，包括数据库管理系统、数据库、应用程序都装在一台计算机上，不能共享数据。

2. 主从式结构

主从式结构数据库系统都集中存放在主机上，终端只作为主机的输入输出设备，多个用户可通过终端存取主机的数据。

大型主机带多个终端，主机处理所有任务，终端输出。由于主机的处理任务太繁重，使系统性能大大降低。因此，只有个别大型机构还使用这种架构。

3. 分布式结构

分布式结构数据库系统是分布在计算机网络上的多个逻辑相关的数据库集合。

4. 客户 / 服务器结构（C/S）

客户/服务器结构把 DBMS 的功能与应用程序分开。服务器管理数据及执行 DBMS 功能，客户机安装 DBMS 应用开发工具和应用程序。

客户端的用户请求被传送到服务器，服务器进行处理后，只将结果返回给用户，从而减少了网络上的数据传输量，提高了系统的性能、吞吐量和负载能力。

5. 浏览器/Web 服务器/数据库服务器结构（B/W/S）

客户端仅安装浏览器软件，用户通过 URL 向 Web 服务器发出请求，Web 服务器运行脚本程序，向数据库服务器发出数据请求。数据库服务器执行处理后，将结果返回给 Web 服务器。Web 服务器根据结果产生网页文件，客户端接收到网页文件后，在浏览器中显示出来。

B/W/S 结构在 Internet 中得到了广泛的应用。

1.6 数据库技术的研究领域和应用领域

随着计算机技术与网络通信技术的发展，数据库技术已成为信息社会中对大量数据进行组织与管理的重要技术手段及软件技术，是网络信息化管理系统的基础。

1. 数据库技术的研究领域

目前虽然已有了一些比较成熟的数据库技术，但随着计算机硬件的发展，应用领域越来越广泛，数据库技术仍在不断地向前发展。

当前，数据库学科的主要研究范围有以下几个领域。

（1）数据模型

数据模型的研究是数据库系统的基础性研究，主要研究如何构造数据模型，如何表示数据及他们之间的联系。数据模型的发展经历了层次模型、网状模型和关系模型三个发展阶段，目前面向对象模型是数据库领域研究的一个重要的课题。

（2）数据库管理系统软件的研制

数据库管理系统（DBMS）是数据库系统的基础，数据库管理系统（DBMS）的研制包括 DBMS 本身的研制和以 DBMS 为核心的一组相互联系的软件系统的研制。研制的目标是扩大功能、提高性能。随着数据库应用领域的不断扩大，许多新的应用领域，如计算机辅助设计、自动控制等，要求数据库能处理像图像、声音等非格式化数据这些新的数据类型。

（3）数据库设计

数据库设计的主要任务是在数据库管理系统的支持下，根据应用的要求，设计出结构合理、效率较高的数据库及其应用系统。其中主要包括数据库设计方法、设计工具和设计理论的研究，计算机辅助数据库设计方法及其软件系统的研究，数据库设计规范和标准的研究等。

（4）数据库理论

数据库理论的研究主要集中于关系的规范化理论、关系数据理论等。随着人工智能与数据库理论的结合以及并行计算机的发展，并行算法、数据库逻辑演绎和知识推理等理论的研究，以及演绎数据库系统、知识库系统和数据仓库的研制都已成为新的研究方向。

2. 数据库技术的应用领域

数据库的应用领域非常广泛，已深入社会、生活的各个方面，不管是家庭、企业、还是政府部门，都需要使用数据库来存储信息。随着信息时代的发展，数据库也相应产生了一些新的应用领域，主要有多媒体数据库、移动数据库、空间数据库等。

（1）多媒体数据库

多媒体数据库是数据库技术与多媒体技术结合的产物。这类数据库主要存储与多媒体相关的数据，如声音、图像和视频等数据。

多媒体数据库要解决的问题：第一是信息媒体的多样化，不仅仅是数值数据和字符数据，要扩大到多媒体数据的存储、组织、使用和管理。第二要解决多媒体数据集成或表现集成，实现多媒体数据之间的交叉调用和融合，集成粒度越细，多媒体一体化表现才越强，应用的价值也才越大。第三是多媒体数据与人之间的交互性。

多媒体数据最大的特点是数据连续，而且数据量比较大，需要较大的存储空间。

（2）移动数据库

移动数据库是支持移动式计算环境的数据库，如笔记本电脑、手机等，其数据在物理上分散而逻辑上集中。该数据库最大的特点是通过无线数字通信网络传输的。移动数据库可以随时随地地获取和访问数据，为商务应用带来了很大的便利。

（3）空间数据库

这类数据库目前发展比较迅速。它主要包括地理信息数据库（又称为地理信息系统，即 GIS）和计算机辅助设计（CAD）数据库。其中地理信息数据库一般存储与地图相关的信息数据；计算机辅助设计数据库一般存储设计信息的空间数据库，如机械、集成电路以及电子设备设计图等。

（4）信息检索系统

信息检索就是根据用户输入的信息，从数据库中查找相关的文档或信息，并把查找的信息反馈给用户。信息检索领域和数据库是同步发展的，它是一种典型的联机文档管理系统或者联机图书目录。

（5）分布式信息检索

这类数据库是随着 Internet 的发展而产生的数据库。它一般用于因特网及远距离计算机网络系统中。随着电子商务的发展，这类数据库发展更快。许多网络用户（如个人、公司或企业等）在自己的计算机中存储信息，同时希望通过网络发送电子邮件、进行文件传输、远程登录方式和别人共享这些信息。分布式信息检索满足了这一要求。

（6）专家决策系统

专家决策系统也是数据库应用的一部分。由于越来越多的数据可以联机获取，特别是企业通过这些数据可以作出更好的决策。由于人工智能的发展，使得专家决策系统的应用更加广泛。

小 结

本章阐述了数据库的基本概念，介绍了数据管理技术的发展阶段，随后介绍了数据库管理系统的概念及其特点，讲解了数据库中数据的三级模式和二级映射的组织方式，并介绍了数据库技术的研究领域和应用领域。

习 题

一、单选题

1. 在数据管理技术的发展过程中，经历了人工管理阶段、文件系统阶段和数据库系统阶段。其中数据独立性最高的阶段是（ ）。

（A）数据库系统 　（B）文件系统 　（C）人工管理 　（D）数据项管理

2. 应用数据库技术的主要目标是要解决数据的（ ）。

（A）存储问题 　（B）共享问题 　（C）安全问题 　（D）保护问题

3. 数据库 DB、数据库系统 DBS、数据库管理系统 DBMS 三者之间的关系是（ ）。

（A）DBS 包括 DB 和 DBMS 　　　（B）DBMS 包括 DB 和 DBS

（C）DB 包括 DBS 和 DBMS 　　　（D）DBS 就是 DB，也就是 DBMS

4. 数据库系统中对数据库进行管理的核心软件是（ ）。

（A）DBMS 　（B）DB 　（C）OS 　（D）DBS

5. 如果一个班只能有 个班长，则班级和班长两个实体之间的关系属于（ ）。

（A） 对一联系 　（B）一对二联系 　（C）多对多联系 　（D）一对多联系

6. "学生"与"课程"两个实体集之间的联系一般是（ ）。

（A）一对一 　（B）一对多 　（C）多对一 　（D）多对多

7. 数据库的概念模型独立于（ ）。

（A）具体的机器和 DBMS 　　　（B）E-R 图

（C）信息世界 　　　　　　　　（D）现实世界

8. （ ）是存储在计算机内有结构的数据的集合。

（A）数据库系统 　　　　　　　（B）数据库

（C）数据库管理系统 　　　　　（D）数据结构

9. 数据库中存储的是（ ）。

（A）数据 　　　　　　　　　　（B）数据模型

（C）数据以及数据之间的联系 　（D）信息

10. 数据库的特点之一是数据的共享，严格地讲，这里的数据共享是指（ ）。

（A）同一个应用中的多个程序共享一个数据集合

（B）多个用户、同一种语言共享数据

（C）多个用户共享一个数据文件

（D）多种应用、多种语言、多个用户相互覆盖地使用数据集合

11. 下述关于数据库系统的正确叙述是（　　　）。

　　（A）数据库系统减少了数据冗余

　　（B）数据库系统避免了一切冗余

　　（C）数据库系统中数据的一致性是指数据类型一致

　　（D）数据库系统比文件系统能管理更多的数据

12. 数据库管理系统（DBMS）是（　　　）。

　　（A）数学软件　　　　（B）应用软件　　　　（C）计算机辅助设计　　（D）系统软件

13. 数据库系统的特点是（　　　）、数据独立、减少数据冗余、避免数据不一致和加强了数据保护。

　　（A）数据共享　　　　（B）数据存储　　　　（C）数据应用　　　　（D）数据保密

14. 数据库管理系统能实现对数据库中数据的查询、插入、修改和删除等操作，这种功能称为（　　　）。

　　（A）数据定义功能　　（B）数据管理功能　　（C）数据操纵功能　　（D）数据控制功能

15. 数据库的三级模式结构中，描述数据库中全体数据的全局逻辑结构和特征的是（　　　）。

　　（A）外模式　　　　　（B）内模式　　　　　（C）存储模式　　　　　（D）模式

16. 数据库系统的数据独立性是指（　　　）。

　　（A）不会因为数据的变化而影响应用程序

　　（B）不会因为系统数据存储结构与数据逻辑结构的变化而影响应用程序

　　（C）不会因为存储策略的变化而影响存储结构

　　（D）不会因为某些存储结构的变化而影响其他的存储结构

17. 层次型、网状型和关系型数据库划分原则是（　　　）。

　　（A）记录长度　　　　　　　　　　　　（B）文件的大小

　　（C）联系的复杂程度　　　　　　　　　（D）数据之间的联系

18. 传统的数据模型分类，数据库系统可以分为三种类型（　　　）。

　　（A）大型、中型和小型　　　　　　　　（B）西文、中文和兼容

　　（C）层次、网状和关系　　　　　　　　（D）数据、图形和多媒体

19. 层次模型不能直接表示（　　　）。

　　（A）1∶1 关系　　　　　　　　　　　　（B）1∶m 关系

　　（C）m∶n 关系　　　　　　　　　　　　（D）1∶1 和 1∶m 关系

20. 数据库系统的核心是（　　　）。

　　（A）数据库　　　　　　　　　　　　　（B）数据库管理系统

　　（C）数据模型　　　　　　　　　　　　（D）软件工具

二、简答题

1. 什么是数据库?

2. 什么是数据库的数据独立性?

3. 什么是数据库管理系统?

4. 简述数据库系统的三级模式。

上一章介绍了三种主要的数据模型：层次模型、网状模型、关系模型。其中，关系模型简单灵活，并有着坚实的理论基础，已成为当前最流行的数据模型。

目前，流行的数据库管理系统（Oracle、Sybase、DB2、SQL Server、MySQL、Visual FoxPro和 Access 等）都是关系数据库管理系统。它们的数据模型都是关系模型。

关系模型中基本数据逻辑结构是一张二维表，用二维表结构来表示实体和实体之间的联系的数据模型称为关系数据模型。

2.1　关系模型的数据结构及定义

关系模型就是用二维表格结构来表示实体及实体之间联系的模型。

关系模型是各个关系的框架的集合，即关系模型是一些表格的格式，其中包括关系名、属性名、关键字等。

例如，教学数据库中学生的关系模型如表 2-1 所示。

表 2-1　　　　　　　　　　　　　　　学生表实例

学号	姓名	性别	出生年月	政治面貌	籍贯	班级编号
01010101	张雨馨	女	1985-05-14	团员	湖北	010101
01010102	刘鹏	男	1986-11-28	党员	河北	010101
01010103	李殷	男	1985-01-29	团员	湖南	010101
01010104	王海	男	1987-11-22	团员	湖北	010101
01010105	赵薇	女	1986-05-08	团员	江苏	010101
01010106	龚心染	男	1986-07-26	团员	湖南	010101
01010107	李晓敏	男	1985-10-27	党员	湖北	010101
01010108	黄谷	男	1986-09-03	团员	广西	010101

由上例可以看出，在一个关系中可以存放两类信息。

一类是描述实体本身的信息；

一类是描述实体（关系）之间的联系的信息。

在层次模型和网状模型中，把有联系的实体（元组）用指针链接起来，实体之间的联系是通过指针来实现的。

而关系模型则采用不同的思想，即用二维表来表示实体与实体之间的联系，这就是关系模型的本质所在。

所以，在建立关系模型时，只要把所有的实体及其属性用关系框架来表示，同时把实体之间的关系也用关系框架来表示，就可以得到一个关系模型。

在关系模型中，数据是以二维表的形式存在的，这个二维表就叫做关系。

2.1.1 关系的定义

关系理论是以集合代数理论为基础的，因此，我们可以用集合代数给出二维表的"关系"定义。

为了从集合论的角度给出关系的定义，我们先引入域和笛卡儿积的概念。

1. 域

定义 2.1 域是一组具有相同数据类型的值的集合。例如，整数、实数、字符串、{男，女}，大于 0 小于等于 100 的正整数等都可以是域。

2. 笛卡儿积

定义 2.2 给定一组域 D_1，D_2，…，D_n，则 D_1，D_2，…，D_n 的笛卡儿积为：

$D_1 \times D_2 \times \cdots \times D_n = \{(d_1, d_2, \ldots d_n) | d_i \in D_j, j=1, 2, \ldots n\}$

其中每一个元素$(d_1, d_2, \ldots, d_n)$叫作一个元组，元素中的每一个值 d_i 叫作一个分量。

例如，我们给出两个域：

D_1=animal（动物集合）= {猫，狗，猪}

D_2=food（食物集合）= {鱼，骨头，白菜}

$D_1 \times D_2$={(猫，鱼)(狗，鱼)(猪，鱼)(猫，骨头)(狗，骨头)(猪，骨头)(猫，白菜)(猪，白菜)(狗，白菜)}

这 9 个元组可列成一张二维表，如表 2-2 所示。

表 2-2 二维表实例

Animal	food
猫	鱼
猫	骨头
猫	白菜
狗	鱼
狗	骨头
狗	白菜
猪	鱼
猪	骨头
猪	白菜

3. 关系

定义 2.3 $D_1 \times D_2 \times \cdots \times D_n$ 的子集叫做在域 D_1，D_2，…，D_n 上的关系，用 $R(D_1, D_2, \ldots, D_n)$ 来表示。这里 R 表示关系的名字。

下面，我们就从上例的笛卡儿积中取出一个子集来构造一个关系 eat(animal，food)，关系名字为 eat（吃），属性名为 animal 和 food，如表 2-3 所示。

表 2-3　　　　　　　　　　　　　　　　　　Eat 关系

animal	food
猫	鱼
狗	骨头
猪	白菜

2.1.2　关系的性质

在关系模型中，每一个关系模式都要满足一定的要求，严格地说，关系是一种规范化的二维表格。关系的每一行定义实体集的一个实体，每一列定义实体的一个属性。

关系具有如下性质。

（1）关系中不允许出现相同的元组。因为数学上集合中没有相同的元素，而关系是元组的集合，所以作为集合元素的元组应该是唯一的。

（2）属性值具有原子性，关系中的一列称为一个属性，在一个关系中，不能出现相同的属性名。

（3）关系中元组的次序无关性，任意交换两行的位置不影响数据的实际含义。

（4）关系中属性的次序无关性。任意交换两列的位置不影响数据的实际含义，交换时，应连同属性名一起交换，否则将得到不同的关系。如

animal	food
猫	鱼
狗	骨头
猪	白菜

可换为

food	animal
鱼	猫
骨头	狗
白菜	猪

而没有任何影响。

（5）同一属性名下的各个属性值必须来自同一个域，是同一类型的数据。

（6）关系中每一分量必须是不可分的数据项，或者说所有属性值都是原子的，即是一个确定的值，而不是值的集合。属性值可以为空值，表示"未知"或"不可使用"，但不可"表中有表"。满足此条件的关系称为规范化关系，否则称为非规范化关系。

2.1.3　关系数据库模式与关系数据库

一个关系的属性名的集合 $R(A_1, A_2, \ldots, A_n)$ 叫做**关系模式**。其中：

R 为关系名，$A_1, A_2, \ldots, A_n$ 为属性名（$i=1, 2, \ldots, n$）。

由定义可以看出，关系模式是关系的框架，或者称为表框架，指出了关系由哪些属性构成，是对关系结构的描述。

一组关系模式的集合叫做关系数据库模式。

在用户看来，一个关系模型的逻辑结构是一张二维表，它由行和列组成。例如，表 2-4 中的学生记录表就是一个关系模型，它涉及下列概念。

关系：一个关系对应一张二维表，表 2-1 中的这张学生记录表就是一个关系。

元组：表中的一行即为一个元组，若表 2-4 有 20 行，就有 20 个元组。

属性：表中的一列即为一个属性，表 2-4 有 5 列，对应 5 个属性（学号、姓名、性别、年龄和所在系）。

码（Key）：表中的某个属性（组），它可以唯一确定一个元组，则称该属性组为"候选码"。若一个关系有多个候选码，则选定其中一个为主码。如表 2-4 中的学号，是该学生关系的码。

域（Domain）：属性的取值范围，如表 2-4 中学生年龄的域应是（16～28），性别的域是（男，女），所在系的域即是一个学校所有系名的集合。

分量：元组中的一个属性值。

关系模式：对关系的描述，一般表示为

关系名(属性 1，属性 2，…，属性 *n*)

例如，下面的关系可描述为

学生(学号，姓名，性别，年龄，所在系)

表 2-4　　　　　　　　　　　　　　　　学生记录表

学号	姓名	性别	年龄	所在系
000101	王萧	男	17	经济系
000207	李云虎	男	18	机械系
010302	郭敏	女	18	信息系
010408	高红	女	20	土木系
⋮	⋮	⋮	⋮	⋮
020309	王睿	男	19	信息系
020506	路旭青	女	21	管理系

关系数据库：关系数据库是一组随时间变化，具有各种度的规范化关系的集合。

因为关系是由关系头和关系体组成的，所以关系数据库也可以看作是一组关系头和关系体的集合。

2.2　关系的键与关系完整性

2.2.1　候选键与关系键

能唯一标识关系中元组的属性或属性集，则称该属性或属性集为候选键（Candidate Key），也称候选关键字或候选码。

【例 2.1】在学生—课程关系数据库中，包括学生关系、课程关系和选修关系，这三个关系分别为

学生(学号，姓名，性别，年龄，所在系)

课程(课程号，课程名，学分)

选修(学号，课程号，成绩)

"学生关系"中的学号能唯一标识每一个学生，则属性学号是学生关系的候选键。

在"选修关系"中，只有属性的组合"学号+课程号"才能唯一地区分每一条选课记录，则属性集"学号+课程号"是选修关系的候选键。

如果一个关系中有多个候选键，可以从中选择一个作为查询、插入或删除元组的操作变量，被选用的候选键称为主关系键（Primary Key），或简称为主键、主码、关系键、关键字。

例如，假设在学生关系中没有重名的学生，则"学号"和"姓名"都可作为学生关系的候选键。如果选定"学号"作为数据操作的依据，则"学号"为主关系键。

主关系键是关系模型中的一个重要概念。每个关系必须选择一个主关系键。

2.2.2　主属性与非码属性

主属性（Prime Attribute）：包含在主码中的的各属性称为主属性。

非码属性（Non-Prime Attribute）：不包含在任何候选码中的属性称为非码属性。

现实世界中的实体是可区分的，即它们具有某种唯一性标识。与此相对应，关系模型中以主关系键来唯一标识元组。

例如，学生关系中的属性"学号"可以唯一标识一个元组，也可以唯一标识学生实体。

如果主关系键中的值为空或部分为空，即主属性为空，则不符合关系键的定义条件，不能唯一标识元组及与其相对应的实体。这就说明存在不可区分的实体，从而与现实世界中的实体是可以区分的事实相矛盾。因此主关系键的值不能为空或部分为空。

例如，学生关系中的主关系键"学号"不能为空；选课关系中的主关系键"学号+课程号"不能部分为空，即"学号"和"课程号"两个属性都不能为空。

2.2.3　关系的完整性

关系模型的完整性规则是对关系的某种约束条件。关系模型中有三类完整性约束：实体完整性、参照完整性和用户定义的完整性。在对关系数据库执行插入、删除和修改操作时，必须遵循这三类完整性规则：

（1）实体完整性规则（entity integrity rule）：关系中的元组在组成主键的属性上不能为空值。

（2）参照完整性规则（reference integrity rule）：外键的值不允许参照不存在的相应表的主键的值，或者外键为空值。

（3）用户定义的完整性规则：用户定义的完整性规则是用户根据具体应用的语义要求，利用DBMS 提供的定义和检验这类完整性规则的机制，用户自己定义的完整性规则。

1. 实体完整性规则

实体完整性规则是对关系中的主属性值的约束，即：若属性 A 是关系 R 的主属性，则属性 A 不能取空值。实体完整性规则规定关系的所有主属性都不能取空值。

例如，在学生关系 S(S#，SN，SS，SA，SD)中，S#属性为主键，则 S#不能取空值。

实体完整性规则规定基本关系的所有主属性都不能取空值，而不仅是主键整体不能取空值。例如，学生选课关系 SC(S#，C#，G)中，(S#，C#)为主键，则 S#和 C#两属性都不能取空值。

（1）实体完整性规则是针对关系而言的。一个关系通常对应现实世界的一个实体集。

例如，学生关系对应于现实世界中学生的集合。

（2）现实世界中的实体是可区分的，即它们具有某种唯一性标记。

（3）关系模型中以主关键字作为唯一性标识。

（4）主关键字中的属性即主属性不能取空值。

2. 参照完整性规则与外部关系键（foreign key）

现实世界中的实体之间往往存在某种联系，在关系模型中，实体及实体间的联系都是用关系来描述的。这样就自然存在着关系与关系间的引用。

例 2.1 中三个关系之间也存在着属性的引用，即选修关系引用了学生关系的主键"学号"和课程关系的主键"课程号"。显然，选修关系中的学号值必须是确实存在的学生的学号，即学生关系中有该学生的记录；选修关系中的课程号值也必须是确实存在的课程的课程号，即课程关系中有该课程的记录。换句话说，选修关系中某些属性的取值需要参照其他关系的属性取值。

不仅两个或两个以上的关系间可以存在引用关系，同一关系内部属性间也可能存在引用关系。

定义 2.4 设 F 是关系 R 的一个或一组属性，但不是关系 R 的键，如果 F 与关系 S 的主键 Ks 相对应，则称 F 是基本关系 R 的外部关系键（foreign key），并称关系 R 为参照关系，关系 S 为被参照关系。

显然，被参照关系 S 的主码 Ks 和参照关系的外键 F 必须定义在同一个（或一组）域上。

在例 2.1 中，选修关系的"学号"属性与学生关系的主键"学号"相对应，因此"学号"属性是选修关系的外键；学生关系为被参照关系，选修关系为参照关系。选修关系的"课程号"属性与课程关系的主码"课程号"相对应，因此"课程号"属性也是选修关系的外键；课程关系为被参照关系，选修关系为参照关系。

参照完整性规则就是定义外键与主键之间的引用规则。

参照完整性规则：若属性（或属性组）F 是关系 R 的外键，它与关系 S 的主键 Ks 相对应（基本关系 R 和 S 不一定是不同的关系），则对于 R 中每个元组在 F 上的值为取空值（F 的每个属性值均为空值），或者等于 S 中某个元组的主码值。

对于例 2.1 中选修关系中每个元组的学号属性只能取下面两类值。

（1）空值，表示尚未有学生选课。

（2）非空值，这时该值必须是学生关系中某个学生的学号，表示某个未知的学生不能选课。

同样，选修关系中每个元组的课程号属性只能取下面两类值。

（1）空值，表示尚未开课。

（2）非空值，这时该值必须是课程关系中的某个课程号，表示不能选未开设的课。

2.2.4　用户定义的完整性

实体完整性和参照完整性适用于任何关系数据库系统。除此之外，不同的关系数据库系统根据其应用环境的不同，往往还需要一些特殊的约束条件。用户定义的完整性就是针对某一具体关系数据库的约束条件，它反映某一具体应用所涉及的数据必须满足的语义要求。例如，学生关系的年龄在 15～30 之间，选修关系的成绩必须在 0～100 之间等。

对属性的值域的约束也称为域完整性规则。

域完整性规则是指对关系中属性取值的正确性限制，包括数据类型、精度、取值范围、是否允许空值等。

2.2.5　完整性规则检查

为了维护数据库中数据的完整性，在对关系数据库执行插入、删除和修改操作时，DBMS 就要检查是否满足以上三类完整性规则。

1. 插入操作

当执行插入操作时，首先检查实体完整性规则，插入行的主码属性上的值，是否已经存在。若不存在，可以执行插入操作；否则不可以执行插入操作。

再检查参照完整性规则，如果是向被参照关系插入，不需要考虑参照完整性规则；如果是向参照关系插入，插入行在外码属性上的值是否已经在相应被参照关系的主码属性值中存在。若存在，可以执行插入操作；否则不可以执行插入操作，或将插入行在外码属性上的值改为空值后再执行插入操作（假定该外码允许取空值）。

最后检查用户定义完整性规则，检查被插入的关系中是否定义了用户定义完整性规则；如果定义了，检查插入行在相应属性上的值是否符合用户定义完整性规则。若符合，可以执行插入操作；否则不可以执行插入操作。

2. 删除操作

当执行删除操作时，一般只需要检查参照完整性规则。如果是删除被参照关系中的行，则应检查被删除行在主码属性上的值是否正在被相应的参照关系的外码引用。若没被引用，可以执行删除操作。若正在被引用，有三种可能的做法：不可以执行删除操作（拒绝删除），或将参照关系中相应行在外码属性上的值改为空值后再执行删除操作（空值删除），或将参照关系中相应行一起删除（级联删除）。

3. 更新操作

当执行更新操作时，因为更新操作可看成先执行删除操作，再执行插入操作，因此是上述两种情况的综合。

2.3　关系代数

关系代数的运算可以分为两类：一类是传统的集合运算，另一类是专门的关系运算。

关系代数的运算符包括以下内容。

集合运算符：∪（并）、－（差）、∩（交）、×（笛卡儿积）。

专门的关系运算符：σ（选择）、∏（投影）、▷◁（连接）、÷（除）。

逻辑运算符：（逻辑"与"(and)、∨（逻辑"或"(or)）、¬（逻辑"非"(not)）。

2.3.1　传统的集合运算

传统的集合运算包括并、差、交、笛卡儿积等运算，其中进行并、差、交集合运算的两个关系必须具有相同的关系模式，即相同结构。

传统的集合运算都是二目运算。设关系 R 和关系 S 具有相同的目 $n=3$，即有相同的属性个数，如表 2-5 和表 2-6 所示。

表 2-5　　　　　　　　　　　　　　　　关系 R

A	B	C
a	1	c
b	2	d
a	3	a

表 2-6 关系 S

A	B	C
a	3	a
c	2	d

1. 并（Union）运算

设关系 R 和关系 S 具有相同的 n 个属性（目），且相应的属性取自同一个域，则其运算结果由属于 R 或属于 S 的元组组成，仍为 n 个属性（目）的关系。

并运算是两个关系的元组组成的集合，即将 S 中的元组追加到 R 中。

记作：

R $\cup$ S={t|t$\in$R$\vee$t$\in$S}

其中 t 代表元组。

例如：关系 R 和关系 S 做并运算，其结果如表 2-7 所示。

表 2-7 R $\cup$ S

A	B	C
a	1	c
b	2	d
a	3	a
c	2	d

2. 差（Difference）运算

设关系 R 和关系 S 具有相同的 n 个属性（目），且相应的属性取自同一个域，则其运算结果是将关系 R 中与关系 S 中相同的元组删除，结果仍为 n 个属性（目）的关系。

差运算即是从 R 中去掉 S 中也有的元组。

记作：

R - S={t|t$\in$R$\wedge$t$\in$S}

其中 t 代表元组。

例如：关系 R 和关系 S 做差运算，其结果如表 2-8 所示。

表 2-8 R - S

A	B	C
a	1	c
b	2	d

3. 交（Intersection）运算

设关系 R 和关系 S 具有相同的 n 个属性（目），且相应的属性取自同一个域，则其运算结果由既属于 R 又属于 S 的元组组成，结果仍为 n 个属性（目）的关系。

记作：

R $\cap$ S={t|t$\in$R$\wedge$t$\in$S}

其中 t 代表元组。

例如：关系 R 和关系 S 做交运算，其结果如表 2-9 所示。

表 2-9 R $\cap$ S

A	B	C
a	3	a

4. 笛卡儿乘积（Cartesian product）运算

设关系 R 为 n 个属性（目），关系 S 为 m 个属性（目），则其运算结果为（$n+m$）属性（目）元组的集合。

笛卡儿积运算，是 R 中每个元组与 S 中每个元组连接组成的新关系。

记作：

$R \times S=\{t_r t_s | t_r \in R \wedge t_s \in S\}$

其中 t 代表元组。

例如：关系 R 和关系 S 做笛卡儿积运算，其结果如下。

表 2-10　　　　　　　　　　　　　　　　　R × S

R.A	R.B	R.C	S.A	S.B	S.C
a	1	c	a	3	a
b	2	d	a	3	a
a	3	a	a	3	a
a	1	c	c	2	d
b	2	d	c	2	d
a	3	a	c	2	d

2.3.2　专门的关系运算

专门的关系运算包括选择运算、投影运算和连接运算。

1. 选择

选择是在关系 R 中选择满足给定条件的诸元组，记作

$\sigma_F(R)=\{t | t \in R \wedge F(t) ='真'\}$

其中，F 表示选择条件，它是一个逻辑表达式，取逻辑值'真'或'假'。

逻辑表达式 F 的基本形式为

$X_1 \theta Y_1 [\Phi x_2 \theta y_2]...$

θ 表示比较运算符，它可以是 >、>=、<、<=、=或<>。X_1，Y_1 等是属性名或常量或简单函数。属性名也可以用它的序号来代替。Φ表示逻辑运算符，它可以是 ¬、∧ 或 ∨。[ ]表示任选项，即[ ]中的部分可要可不要，…表示上述格式可以重复下去。

因此选择运算实际上是从关系R中选取使逻辑表达式F为真的元组。这是从行的角度进行的运算。

设有一个学生—课程关系数据库，包括学生关系 S、课程关系 C 和选修关系 SC。如表 2-11 所示。下面的例子将对这三个关系进行运算。

表 2-11　　　　　　　　　　　　学生—课程关系数据库

学号 S#	姓名 SN	性别 SS	年龄 SA	所在系 SD		课程号 C#	课程名 CN	学分 CC
000101	张珊	男	18	信息系		1	数学	6
000102	李斯	女	19	数学系		2	英语	4
010101	刘思	女	18	信息系		3	计算机	4
010102	王美	女	20	物理系		4	制图	3
020101	范伟	男	19	数学系				

SC

学号 S#	课程号 C#	成绩 G
000101	1	90
000101	2	87
000101	3	72
010101	1	85
010101	2	42
020101	3	70

【例 2.2】查询数学系学生的信息。

$\sigma_{SD='数学系'}(S)$

或

$\sigma_{5='数学系'}(S)$

结果如表 2-12 所示。

表 2-12   查询数学系学生的信息结果

学号 S#	姓名 SN	性别 SS	年龄 SA	所在系 SD
000102	王美	女	19	数学系
020101	范伟	男	19	数学系

【例 2.3】查询年龄<20 的学生的信息。

$\sigma_{SA<20}(S)$或$\sigma_{4<20}(S)$

结果如表 2-13 所示。

表 2-13   查询年龄<20 的学生的信息结果

学号 S#	姓名 SN	性别 SS	年龄 SA	所在系 SD
000101	李斯	男	18	信息系
000102	王美	女	19	数学系
010101	刘思	女	18	信息系
020101	范伟	男	19	数学系

2. 投影

关系 R 上的投影是从 R 中选择出若干属性列组成新的关系。记作

$\pi_A(R)=\{t[A]|t$

其中，A 为 R 中的属性列。

投影操作是从列的角度进行的运算。

投影之后不仅取消了原关系中的某些列，而且还可能取消某些元组，因为取消了某些属性列后，就可能出现重复行，应取消这些完全相同的行。

【例 2.4】查询学生的学号和姓名。

$\pi_{S\#,\ SN}(S)$

或

$\pi_{1,\ 2}(S)$

结果如表 2-14 所示。

表 2-14　　　　　　　　　　　　查询学生的学号和姓名结果

学号 S#	姓名 SN
000101	李斯
000102	王美
010101	刘思
010102	王美
020101	范伟

【例 2.5】查询学生所在系，即查询学生关系 S 在所在系属性上的投影。

$\pi_{SD}(S)$

或

$\pi_5(S)$

结果如表 2-15 所示。

表 2-15　　　　　　　　　　　　查询结果

所在系 SD
信息系
数学系
物理系

3. 连接

连接也称为 θ 连接。它是从两个关系的笛卡儿积中选取属性间满足一定条件的元组。记作：

$R \bowtie_A S = \{t_r t_s | t_r \in R \wedge t_s \in S \wedge t_r[A]\theta t_s[B]\}$

其中 A 和 B 分别为 R 和 S 上度数相等且可比的属性组。θ 是比较运算符。连接运算从 R 和 S 的笛卡儿积 R×S 中选取（R 关系）在 A 属性组上的值与（S 关系）在 B 属性组上的值满足比较关系 θ 的元组。

θ 为"="的连接运算称为等值连接。它是从关系 R 与 S 的笛卡儿积中选取 A、B 属性值相等的那些元组。即等值连接为

$R \bowtie_A S = \{t_r t_s | t_r \in R \wedge t_s \in S \wedge t_r[A]\theta t_s[B]\}$

若 A、B 是相同的属性组，就可以在结果中把重复的属性去掉。这种去掉了重复属性的等值连接称为自然连接。自然连接可记作

$R \bowtie S = \{t_r t_s | t_r \in R \wedge t_s \in S \wedge t_r[B] = t_s[B]\}$

【例 2.6】设关系 R、S 分别为表 2-10 中的（a）和（b），C<D 的结果为表 2-16（c），等值连接 C=D 的结果如表 2-16（d）所示。

表 2-16　　　　　　　　　　　　关系表

A	B	C
1	2	3
4	5	6
7	3	0

（a）

D	E
3	1
6	2

（b）

A	B	C	D	E
1	2	3	6	2
7	3	0	3	1
7	3	0	6	2

（c）

A	B	C	D	E
1	2	3	3	1
4	5	6	6	2

（d）

若 R 和 S 有相同的属性组 C（如表 2-16 中的（a）和（b）所示），自然连接的结果如表 2-17（c）所示。

表 2-17　　　　　　　　　　　　　　　关系表

A	B	C
1	2	3
4	5	6
7	3	0

（a）

C	E
3	1
6	2

（b）

A	B	C	E
1	2	3	1
4	5	6	2

（c）

4. 除

除可以用前面的几种运算来表达，并不很常用。有兴趣的读者可参考其他有关书籍。

2.4　关系数据库理论

2.4.1　规范化理论的主要内容

关系数据库的规范化理论最早是由关系数据库的创始人 E.F.Codd 提出的，后经许多专家学者对关系数据库理论作了深入的研究和发展，形成了一整套有关关系数据库设计的理论。

关系数据库的规范化理论主要包括三个方面的内容。
- 函数依赖。
- 范式（Normal Form）。
- 模式设计。

其中，函数依赖起着核心的作用，是模式分解和模式设计的基础，范式是模式分解的标准。

2.4.2　关系模式的存储异常问题

数据库的逻辑设计为什么要遵循一定的规范化理论？什么是好的关系模式？某些不好的关系模式可能导致哪些问题？下面通过例子进行分析。

例如，某教学管理数据库，其关系模式如表 2-18 所示。

表 2-18 关系 SCD 实例

学号	姓名	所在系	出生年月	课程	成绩
01010101	张雨馨	经济系	1985-05-14	计算机概论	88
01010101	张雨馨	经济系	1985-05-14	大学英语	99
01010103	李殷	信息系	1985-01-29	大学英语	66
01010103	李殷	信息系	1985-01-29	计算机概论	88
01010105	赵薇	经济系	1986-05-08	计算机概论	77
			……		

从表 2-18 中，我们发现该关系可能存在以下问题。

（1）**数据冗余**。每个系名存储的次数等于该系的学生人数乘以每个学生选修的课程门数，同时学生的姓名、年龄也都要重复存储多次，数据的冗余度很大，浪费了存储空间。

（2）**插入异常**。如果某个新系没有招生，尚无学生时，则系名和系主任的信息无法插入到数据库中。

（3）**删除异常**。某系学生全部毕业而没有招生时，删除全部学生的记录则系名也随之删除，而这个系依然存在，在数据库中却无法找到该系的信息。

（4）**更新异常**。如果学生改名，则该学生的所有记录都要逐一修改姓名；稍有不慎，就有可能漏改某些记录，这就会造成数据的不一致性，破坏了数据的完整性。

由于存在以上问题，所以，SCD 是一个不好的关系模式。产生上述问题的原因，是因为关系中将所有相关信息都包含了进去，内容太杂了。

那么，怎样才能得到一个好的关系模式呢？

我们把关系模式 SCD 分解为下面三个结构简单的关系模式，如下所示。

学生关系 S(学号，姓名，系编号)

选课关系 SC(学号，课程号，成绩)

系关系 D(系编号，系名)

与 SCD 相比，分解为三个关系模式后，数据的冗余度明显降低。

当新插入一个系时，只要在关系 D 中添加一条记录。

当某个学生尚未选课，只要在关系 S 中添加一条学生记录，而与选课关系无关，这就避免了插入异常。

当一个系的学生全部毕业时，只需在 S 中删除该系的全部学生记录，而关系 D 中有关该系的信息仍然保留，从而不会引起删除异常。

同时，由于数据冗余度的降低，数据没有重复存储，也不会引起更新异常。

经过上述分析，我们说分解后的关系模式是一个好的关系数据库模式。

从而得出结论，一个好的关系模式应该具备以下四个条件。

（1）尽可能少的数据冗余。

（2）没有插入异常。

（3）没有删除异常。

（4）没有更新异常。

关系模式中的各属性之间相互依赖、相互制约的联系称为数据依赖。如何按照一定的规范设计关系模式，将结构复杂的关系分解成结构简单的关系，从而把不好的关系数据库模式转变为好的关系数据库模式，这就是关系的规范化。

2.4.3 关系规范化与范式

在关系数据库设计中，核心是建立一个关系模型，合理地存储数据库数据，使之能准确地反映客观世界实体本身及实体与实体之间的联系，最大限度地减少数据的冗余等，这就要使数据规范化。

规范化是数据库设计中一个重要过程，可以通过它来减少数据库中冗余的数据。否则，数据表中存在大量冗余信息，插入数据、更新数据、删除数据时都可能会引发异常。

在关系数据库中，构造数据库就必须遵循一定的规则，这种规则就是范式。范式是符合某一种级别的关系模式的集合。

目前，关系数据库有 6 种范式，即第一范式（1NF）、第二范式（2NF）、第三范式（3NF）、BCNF、第四范式（4NF）、第五范式（5NF）。

一般数据库只需满足第三范式就可以了。

规范化为数据库提供了许多好处，具有很多优点。

- 大大减少了数据冗余。
- 改进了数据库整体组织。
- 增强了数据的一致性。
- 增加了数据库设计的灵活性。

范式从第一种到第五种是按顺序提高的，每一种范式都隐含满足所有低级范式的标准。例如，用户使用第三范式，那么数据也将同时满足第一范式和第二范式。

按照规范化准则分开表的主要优点是减少数据冗余，在分开后的表中必须存在相同的列，这样才能通过公共字段将它们重新连接起来。

1. 第一范式（1NF）

定义：如果一个关系模式 **R** 的每个属性的值域，都是不可分的简单数据项的集合，则称该关系模式满足第一范式。

第一范式要求关系中的属性必须是原子项，即不可再分的基本类型，即实体中的某个属性不能有多个值或不能有重复的属性。表 2-18 所示的 SCD 关系是符合 1NF 的。

在任何一个数据库中，第一范式都是一个最基本的要求，所有的表都必须满足第一范式。从表 2-18 中可以看出，任何关系型数据表仅满足第一范式是不够的，仍可能出现插入、删除和更新异常，这就导致了第二范式的产生。

2. 第二范式（2NF）

定义：如果关系模式 **R** 满足第一范式，而且它的所有非主关键字属性完全依赖于整个关键字，则该关系模式满足第二范式。

第二范式有两项要求。

- 所有表必须符合第一范式；
- 表中每一个非主键列都必须完全函数依赖于主键。

在此我们不详述函数依赖，用直观的语言来说，第二范式就是要保证关系中不出现与关系主键不完全相关的属性，如表 2-18 中的系名，它与主键（学号，课程号）并非完全相关。

将第一范式关系向第二范式关系转换的方法是：消除其中的部分函数依赖，通常是将一个关系模式分解成多个第二范式的关系模式。即另成一关系，使其满足第二范式。

第二范式（2NF）是在第一范式的基础上，确保表中的每列都和主键相关。

例如，在学生选课系统中，如果将学生和课程放在同一个表中，这个结构不符合第二范式的要求，将给数据库的操作带来很多困难，有些操作甚至无法实现，按照第二范式的要求要将这个表分开成两个表。

表 2-19　　　　　　　　　　　　　　　第二范式分解示例

学生信息课程信息

学号	姓名	性别	出生年月	班级名称	课程编号	课程名称
01010101	张雨馨	女	1995-05-14	国贸 0101	1101	计算机概论
02020103	杨勇	女	1994-08-30	建筑 0201	1101	计算机概论
01010103	李殷	男	1995-01-29	国贸 0101	1101	计算机概论
02020104	朱明媚	男	1995-02-20	建筑 0201	1101	计算机概论
01010101	张雨馨	女	1995-05-14	国贸 0101	0201	大学英语
01010107	李晓敏	男	1995-10-27	国贸 0101	0201	大学英语

学生表

学号	姓名	性别	出生年月	班级名称
01010101	张雨馨	女	1995-05-14	国贸 0101
02020103	杨勇	女	1994-08-30	建筑 0201
01010103	李殷	男	1995-01-29	国贸 0101
02020104	朱明媚	男	1995-02-20	建筑 0201
01010101	张雨馨	女	1995-05-14	国贸 0101
01010107	李晓敏	男	1995-10-27	国贸 0101

课程表

课程编号	课程名称
1101	计算机概论
0201	大学英语
1211	数据库原理及其应用
1212	计算机网络

3.　第三范式（3NF）

定义：如果某关系模式满足第二范式，而且它的任何两个非主键字段的数据值之间不存在函数依赖关系，则该关系模式满足第三范式。

也就是说，如果一个关系模式 R 不存在部分函数依赖和传递函数依赖，则关系模式满足第三范式。

第三范式是在第二范式的基础上，确保表中每列都和主键直接相关，而不是间接相关。间接相关又称为传递依赖。

假设数据表中 A、B、C 三列，如果 B 依赖 A，而 C 依赖 B，则 C 依赖 A。故 A 与 C 之间存在间接关系即传递依赖。

简单的说，第三范式就是要求不在数据库中存储通过关系关联能够得到的数据，或通过简单计算得到的数据。

例如，在学生选课系统中，如果将学生选课关系设计表 2-20 所示，属性中的"姓名"可以从学生关系中得到，因此这个结构不符合第三范式的要求，将给数据库的操作带来异常，按照第三范式的要求要将这个表分开成学生表和选课两个表。

表 2-20　　　　　　　　　　　　不符合 3NF 的选课关系

学号	姓名	课程号	成绩
01010101	张雨馨	001	66
02020103	杨勇	001	87
01010103	李殷	001	90
02020104	朱明媚	002	78
01010101	张雨馨	002	70
01010107	李晓敏	002	59

分解后的学生关系和选课关系如表 2-21 所示。

表 2-21　　　　　　　　　　符合 3NF 的学生关系和选课关系

学生关系

学号	姓名	性别	出生年月	班级编号
01010101	张雨馨	女	1995-05-14	010101
02020103	杨勇	女	1994-08-30	020201
01010103	李殷	男	1995-01-29	010101
02020104	朱明媚	男	1995-02-20	020201
01010101	张雨馨	女	1995-05-14	010101
01010107	李晓敏	男	1995-10-27	010101

选课关系

学号	课程号	成绩
01010101	001	66
02020103	001	87
01010103	001	90
02020104	002	78
01010101	002	70
01010107	002	59

经过第一范式、第二范式、第三范式的规范化，对绝大部分数据库来说已经基本满足了需求。是否对数据库进行进一步规范化处理取决于性能。更高级的规范化会导致性能的下降，因此，应考虑性能的要求，如果性能不可接受那么就不能进行更高级的规范化。

经过第三范式的规范化后，基本消除了关系模式中的部分函数依赖。数据表规范化的程度越高，数据冗余越少，因此造成人为错误的可能性也越小。但是，规范化的程度越高，在数据库的操作过程中要访问的数据表以及表与表之间的关联就越多。所以，在数据库设计过程中，要根据实际的需求，综合考虑。

小　结

本章首先介绍了数据库的基本概念，然后讲解了数据模型和关系数据库的相关知识，重点讲解了关系模型的特点和关系运算，再后以学生选课系统为例讲解了如何设计数据库以及与设计数据库相关的实体、属性和联系等相关的内容，最后讲解了在设计数据库时应遵循的规范化准则，即范式理论。

习　题

一、单选题

1. 对于"关系"的描述，正确的是（　　）。
（A）同一个关系中允许有完全相同的元组
（B）同一个关系中元组必须按关键字升序存放
（C）在一个关系中必须将关键字作为该关系的第一个属性
（D）同一个关系中不能出现相同的属性名

2. 从关系模式中指定若干个属性组成新的关系的运算称为（　　）。
（A）联接　　　　　（B）投影　　　　　（C）选择　　　　　（D）排序

3. 关系运算中的选择运算是（　　）。
（A）从关系中找出满足给定条件的元组的操作
（B）从关系中选择若干个属性组成新的关系的操作
（C）从关系中选择满足给定条件的属性的操作
（D）A 和 B 都对

4. 如果把学生当成实体，则某个学生的姓名"张三"应看成（　　）。
（A）属性值　　　（B）记录值　　　（C）属性型　　　（D）记录型

5. 同一个关系模型的任意两条记录的值（　　）。
（A）不能完全相同　　（B）可以相同　　（C）必须相同　　（D）以上都可以

6. 关系数据库中关系的关键字是指（　　）。
（A）能唯一决定关系的属性　　　　（B）能唯一标识元组的属性或属性集合
（C）很重要的属性　　　　　　　　（D）专用属性

7. 最常用的一种基本数据模型是关系数据模型，它的表示应采用（　　）。
（A）树　　　　　（B）网络　　　　　（C）图　　　　　（D）二维表

8. 在关系数据库中，用来表示实体之间联系的是（　　）。
（A）树结构　　　（B）网结构　　　（C）线性表　　　（D）二维表

9. 将 E-R 图转换到关系模式时，实体与联系都可以表示成（　　）。
（A）属性　　　　　（B）关系　　　　　（C）键　　　　　（D）域

10. 在关系数据库管理系统，专门的关系运算是（　　）。
（A）排序、索引、统计　　　　　　（B）选择、投影、连接

（C）关联、更新、排序　　　　　　　　　　（D）显示、打印、制表

11. 关系模型中，一个关键字是（　　　）。

（A）可由多个任意属性组成

（B）至多由一个属性组成

（C）可由一个或多个其值能唯一标识该关系模式中任何元组的属性组成

（D）以上都不是

12. 对关系 R 和 S 使用自然连接时，要求 R 和 S 含有一个或多个共有的（　　　）。

（A）元组　　　　　（B）行　　　　　（C）记录　　　　　（D）属性

13. 关系模式的属性（　　　）。

（A）不可再分　　　　　　　　　　　　　（B）可再分

（C）命名在该关系模式中可以不唯一　　　（D）以上都不是

14. 在关系数据库系统中，使用数据的最小单位是（　　　）。

（A）关系　　　　　（B）元组　　　　　（C）属性　　　　　（D）属性集合

15. 在学生选课数据库系统中，学生和课程之间的关系属于（　　　）。

（A）一对一联系　　　　　　　　　　　　（B）多对一联系

（C）多对多联系　　　　　　　　　　　　（D）一对多联系

二、问答题

1. 层次模型、网状模型和关系模型之间有什么区别？关系模型有什么优点？

2. 实体完整性、参照完整性与用户自定义完整性有什么区别？

3. 为什么要对关系进行规范化处理？

4. 关系规范化的实质是什么？关系模式分解的依据是什么？

第3章
SQL Server 数据库管理

SQL Server 是微软公司所开发的数据库管理系统。作为新一代的数据平台产品，SQL Server 2012 不仅延续现有数据平台的强大能力，全面支持云计算，并且能够快速构建相应的解决方案实现私有云与公有云之间数据的扩展与应用的迁移。

在前面的章节我们已经介绍了数据库管理系统（DBMS）的组成和功能。在本章，我们将学习怎样利用 SQL Server 所提供的工具来管理数据库和操作数据库对象。

3.1 SQL Server 2012 概述

3.1.1 SQL Server 2012 的版本

SQL Server 2012 推出了很多版本，版本越高端，则可用的功能越多，按从高到低的次序，主要有如下可用版本。

（1）SQL Server 2012 企业版（Enterprise Edition）：这个版本是针对大型企业，具有更高多的可用性和商业智能。

（2）SQL Server 2012 标准版（Standard Edition）：是适合中小型企业的数据管理和分析平台。它包括电子商务、数据仓库和业务流解决方案所需的基本功能。

（3）SQL Server 2012 Web 版（Web Edition）：它包括 SQL Server 产品系列的核心数据库功能，并且可以轻松地升级至 SQL Server 2012 Standard Edition 或 SQL Server 2012 Enterprise Edition。

（4）SQL Server 2012 学习版（Express Edition）：SQL Server Express 简化了应用程序的开发过程，是非专业开发人员、Web 应用程序开发人员、网站主机和创建客户端应用程序的编程爱好者的理想选择。

3.1.2 SQL Server 2012 体系结构

SQL Server 的体系结构是指对数据库的组成部分与各组成部分的关系描述。SQL Server 有四大组件：协议（Protocol）、关系引擎（Relational Engine）（又称查询处理器（Query Processor））、存储引擎（Storage Engine）和 SQLOS。任何客户端应用程序提交给 SQL Server 执行的每一个批处理（Batch）都必须与这四个组件进行交互。

（1）**协议组件**：负责接收请求并把它们转换成关系引擎能够识别的形式。它还能够获取任意查询、状态信息、错误信息的最终结果，然后把这些结果转换成客户端能够理解的形式，最后再把它们返回到客户端。

（2）**关系引擎组件**：负责接受 SQL 批处理然后决定如何处理它们。对 T-SQL 查询和编程结构，关系引擎层可以解析、编译和优化请求并检查批处理的执行过程。如果批处理被执行时需要数据，它会发送一个数据请求到存储引擎。

（3）**存储引擎组件**：负责管理所有的数据访问，包括基于事务的命令（Transaction-based command）和大批量操作（Bulk Operation）。这些操作包括备份、批量插入和某些数据库一致性检查（Database Consistency Checker，DBCC）命令。

（4）**SQLOS 组件**：负责处理一些通常被认为是操作系统职责的活动，例如线程管理（调度），同步单元（Synchronization Primitive），死锁检测和包括缓冲池（Buffer Pool）的内存管理。

SQL Server 2012 为不同规模的企业提供了完整数据解决方案。图 3-1 显示了 SQL Server 2012 数据平台的布局。

图 3-1　SQL Server 2012 数据平台布局

SQL Server 数据平台包括以下部分。

① 关系型数据库：更加安全可靠、可伸缩更强且具备高可用性的关系型数据库引擎，性能提高且支持结构化和非结构化（XML）数据。

② 复制服务：数据复制可用于数据分发或移动数据处理应用程序、系统高可用性、企业报表解决方案的后备数据、可伸缩并发性、与异构系统（包括已 Oracle 数据库）集成等。

③ 通知服务：用于开发和部署可伸缩应用程序的先进通知功能能够向不同连接和移动设备发布个性化的、及时的信息更新。

④ 集成服务：用于数据仓库和企业范围内数据集成的数据提取、转换和加载功能。

⑤ 分析服务：联机分析处理（OLAP）功能用于使用多维存储的大量和复杂的数据集进行快速高级析。

⑥ 报表服务：全面的报表解决方案，可创建、管理和发布传统的、可打印的报表和交互的、基于 Web 的报表。

⑦ 管理工具：SQL Server 包含的集成管理工具可用于高级数据库管理和优化，与其他工具，如 Microsoft Operations Manager（MOM）和 Microsoft Systems Management Server（SMS）紧密集成在一起。标准数据访问协议大大减少 SQL Server 和现有系统间数据集所花时间。另外，构建于 SQL Server 内的本机 Web service 支持确保和其他应用程序及平台的互操作能力。

⑧ 开发工具：SQL Server 为数据库引擎、数据抽取、转换和装载（ETL）、数据挖掘、OLAP 和报表提供 Microsoft Visual Studio 相集成的开发工具，实现端到端的应用程序开发能力。SQL Server 中每各主要子系统都自己的象模型和应用程序接口（API），能够将数据系统扩展到任何独特的商业环境中。

3.1.3 SQL Server Management Studio

SQL Server Management Studio 是一个集成环境，用于访问、配置、管理和开发 SQL Server 的所有组件。SQL Server Management Studio 组合了大量图形工具和丰富的脚本编辑器，使各种技术水平的开发人员和管理员都能访问 SQL Server。

SQL Server 2012 将早期版本的 SQL Server 中所包含的企业管理器、查询分析器和 Analysis Manager 功能整合到单一的环境中。此外，SQL Server Management Studio 还可以和 SQL Server 的所有组件协同工作，例如 Reporting Services、Integration Services 和 SQL Server Compact 3.5 SP1。开发人员可以获得熟悉的体验，而数据库管理员可获得功能齐全的单一实用工具，其中包含易于使用的图形工具和丰富的脚本撰写功能。

运行 SQL Server Management Studio 后，出现图 3-2 的窗口。

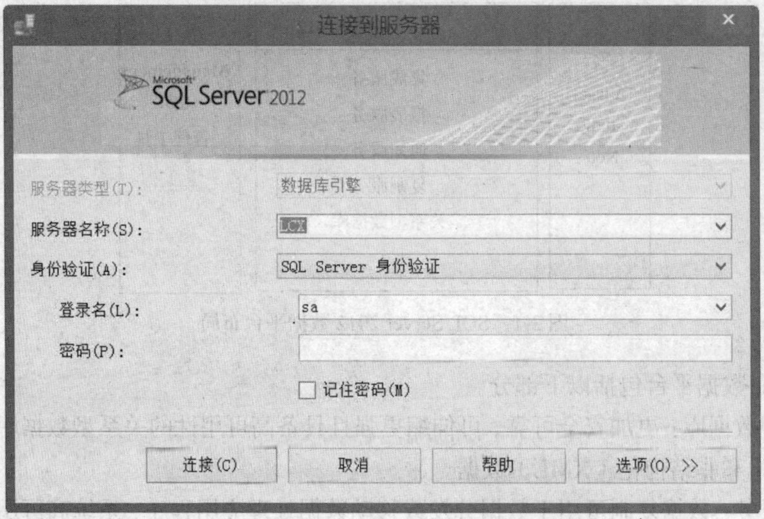

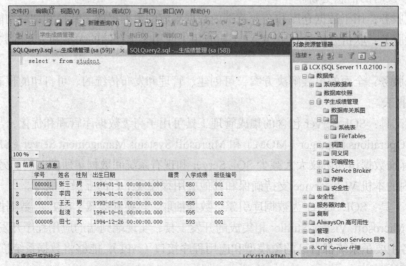

图 3-2　启动 SQL Server Management Studio

连接后，则出现如图 3-3 所示的界面。

图 3-3　典型的 SQL Server Management Studio 显示界面

SQL Server Management Studio 功能包括：

（1）脚本撰写功能：SQL Server Management Studio 的代码编辑器组件包含集成的脚本编辑器，用来撰写 Transact-SQL、MDX、DMX、XML/A 和 XML 脚本。

（2）对象资源管理器：SQL Server Management Studio 的对象资源管理器组件是一种集成工具，可以查看和管理所有服务器类型的对象。

3.2　SQL Server 数据库组成

数据库是数据库管理系统的核心，包含了系统运行所需的全部数据，用户通过对系统的操作实现对数据库的调用，从而返回不同的结果。为了熟练理解和掌握数据库，必须先了解数据库的基本组成部分。

3.2.1　系统数据库

系统数据库是随系统安装的，用于协助 SQL Server 2012 系统共同完成数据库管理的数据库。包括 master、model、msdb、tempdb 等 5 个系统数据库。

（1）master 数据库

master 数据库记录 SQL Server 系统的所有系统级信息。这包括实例范围的元数据（例如登录帐户）、端点、链接服务器和系统配置设置。此外，master 数据库还记录了所有其他数据库的存在、数据库文件的位置以及 SQL Server 的初始化信息。因此，如果 master 数据库不可用，则 SQL Server 无法启动。

（2）model 数据库

model 数据库用作在 SQL Server 实例上创建的所有数据库的模板。因为每次启动 SQL Server 时都会创建 tempdb，所以 model 数据库必须始终存在于 SQL Server 系统中。model 数据库的全部内容（包括数据库选项）都会被复制到新的数据库。启动期间，也可使用 model 数据库的某些设置创建新的 tempdb，因此 model 数据库必须始终存在于 SQL Server 系统中。

（3）msdb 数据库

msdb 数据库由 SQL Server 代理用于计划警报和作业，也可以由其他功能（如 Service Broker 和数据库邮件）使用。

（4）tempdb 数据库

tempdb 系统数据库是一个全局资源，可供连接到 SQL Server 实例的所有用户使用，并可用于保存下列各项：

① 显式创建的临时用户对象，例如全局或局部临时表、临时存储过程、表变量或游标。

② SQL Server 数据库引擎创建的内部对象，例如，用于存储假脱机或排序的中间结果的工作表。

③ 由使用已提交读（使用行版本控制隔离或快照隔离事务）的数据库中数据修改事务生成的行版本。

④ 由数据修改事务为实现联机索引操作、多个活动的结果集（MARS）以及 AFTER 触发器等功能而生成的行版本。

（5）resource 数据库

Resource 数据库是只读数据库，它包含了 SQL Server 2012 中的所有系统对象。SQL Server 系统对象（例如 sys.objects）在物理上持续存在于 Resource 数据库中，但在逻辑上，它们出现在每个数据库的 **sys** 架构中。Resource 数据库不包含用户数据或用户元数据。

3.2.2　数据存储文件

每个 SQL Server 数据库至少具有两个操作系统文件：一个数据文件和一个日志文件。数据文件包含数据和对象，例如表、索引、存储过程和视图。日志文件包含恢复数据库中的所有事务所需的信息。为了便于分配和管理，可以将数据文件集合起来，放到文件组中。

（1）数据库文件

SQL Server 数据库具有三种类型的文件：

① 主要数据文件：主要数据文件包含数据库的启动信息，并指向数据库中的其他文件。用户数据和对象可存储在此文件中，也可以存储在次要数据文件中。每个数据库有一个主要数据文件。主要数据文件的建议文件扩展名是.mdf。

② 次要数据文件：次要数据文件是可选的，由用户定义并存储用户数据。通过将每个文件放在不同的磁盘驱动器上，次要文件可用于将数据分散到多个磁盘上。另外，如果数据库超过了单个 Windows 文件的最大大小，可以使用次要数据文件，这样数据库就能继续增长。次要数据文件的建议文件扩展名是 ndf。

③ 事务日志文件：事务日志文件保存用于恢复数据库的日志信息。每个数据库必须至少有一个日志文件。事务日志的建议文件扩展名是.ldf。

（2）文件组

每个数据库有一个主要文件组。此文件组包含主要数据文件和未放入其他文件组的所有次要文件。可以创建用户定义的文件组，用于将数据文件集合起来，以便于管理、数据分配和放置。

3.2.3　数据库对象

数据库的物理表现是操作系统文件，即在物理上，一个数据库由一个或多个磁盘上的文件组成。这种物理表现只对数据库管理员是可见的，而对用户是透明的。逻辑上，一个数据库由若干个用户可视的组件构成，如表、视图、角色等，这些组件称为数据库对象。SQL Server 对象包括表、索引、视图、缺省值、规则、触发器、语法等。这些数据库对象存储在用户数据库或系统数据库当中，用来保存数据库的基本信息和自定义操作。

1. 表（Table）

表是数据库中实际存储数据的基本对象，数据库中的其他对象都依赖于表。表对应关系模型中的关系。表中存储的数据分为字段和记录，分别对应关系模型中的属性和元组。直观来看，字段是表中的一列，如学生信息表中的学号、姓名、班级等；记录则是表中的一行，记录某位学生的所有信息。

图 3-4 中显示了学生表的信息。

2. 视图

视图是一个虚拟表，其内容由查询定义。同真实的表一样，视图的作用类似于筛选。定义视图的筛选可以来自当前或其他数据库的一个或多个表，或者其他视图。分布式查询也可用于定义使用多个异类源数据的视图。

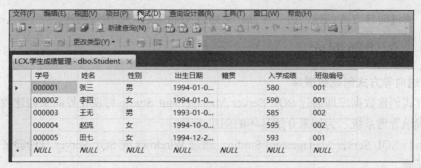

图 3-4　在 SQL Server Management Studio 查看表数据

从用户角度来看，一个视图是从一个特定的角度来查看数据库中的数据。从数据库系统内部来看，一个视图是由 SELECT 语句组成的查询定义的虚拟表。从数据库系统内部来看，视图是由一张或多张表中的数据组成的，从数据库系统外部来看，视图就如同一张表一样，对表能够进行的一般操作都可以应用于视图。

3. 存储过程和触发器

存储过程和触发器是两个特殊的数据库对象。在大型数据库系统中，存储过程和触发器具有很重要的作用。无论是存储过程还是触发器，都是 SQL 语句和流程控制语句的集合。

（1）**存储过程**（**Stored Procedure**）是在大型数据库系统中，一组为了完成特定功能的 SQL 语句集，经编译后存储在数据库中，用户通过指定存储过程的名字并给出参数（如果该存储过程带有参数）来执行它。

（2）**触发器**（**Trigger**）是 SQL server 提供给程序员和数据分析员来保证数据完整性的一种方法，它是与表事件相关的特殊的存储过程，它的执行不是由程序调用，也不是手工启动，而是由事件来触发，比如当对一个表进行操作（insert，delete，update）时就会激活它执行。触发器经常用于加强数据的完整性约束和业务规则等。

4. 用户和角色

用户（User）和角色（Role）是数据库中用于安全管理的对象。用户是具有存取权限的数据库使用者，而角色则是一组数据库用户的集合。数据库的存储权限既可以授予用户，也可以授予角色。

5. 其他数据库对象

还有一些数据库对象，它们大多是依赖于表。

（1）**索引**。索引是根据表中一列或若干列按照一定顺序建立的列值与记录行之间的对应关系表。在数据库系统中建立索引主要有以下作用：①快速存取数据；②保证数据记录的唯一性；③实现表与表之间的参照完整性。

（2）**约束**。约束是数据库实现数据一致性和完整性的手段。是数据库中强制的业务逻辑关系。

（3）**规则**。用来限制表的数据范围。例如，限制学生成绩在数据 0～100 之间。

（4）**函数**。包括系统函数和用户自定义函数。用于实现数据库应用中比较灵活的业务逻辑。

3.3　创建和维护数据库

在使用和存储数据之前，首先要创建数据库，也就是建立主数据文件和事务日志文件。在 SQL Server 2012 中创建数据库的方式有两种，一是在 SQL Server Management Studio 窗口中使用对话框和命令，通过向导方式创建。另一种方式是通过 Transact-SQL 语句创建。

3.3.1 创建数据库

1. 通过向导方式创建数据库

向导方式创建数据库即通过 SQL Server Management Studio 可视化界面来创建数据库。以下以"学生成绩管理系统"为例来介绍具体的创建步骤：

（1）运行 SQL Server Management Studio。通过 Windows 或 SQL Server 身份验证建立连接。如图 3-5 所示。

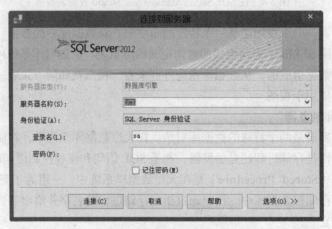

图 3-5　连接 SQL Server

（2）在"对象资源管理器"窗口展开服务器，选择"数据库"节点。

（3）在"数据库"节点上右键单击，从弹出的快捷菜单选择"新建数据库"。如图 3-6 所示。

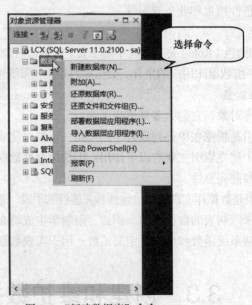

图 3-6　"新建数据库"命令

（4）在"新建数据库"对话框中有 3 个页，分别为"常规""选项"和"文件组"。在这 3 个页面中完成数据库创建工作。如图 3-7 所示。

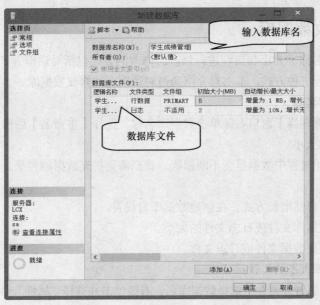

图 3-7　"新建数据库"窗口

（5）输入数据库名称"学生成绩管理"。在"数据库文件"列表中包括两行：分别数据是数据文件和日志文件。通过对应的命名按钮可以添加或删除数据文件。按默认值设置初始大小和自动增长等选项。

（6）单击"确定"按钮关闭新建窗口。至此成功新建了一个数据库，可以在"对象资源管理器"窗口看到新建的数据库。

2．使用语句创建数据库

另外我们还可以 Transact-SQL 语句来新建数据库。最简单的创建数据库语法为

CREATE DATABASE dataBaseName

使用语句创建数据库的步骤：

（1）运行 SQL Server Management Studio，并建立连接。

（2）单击"新建查询"按钮，创建一个查询输入窗口。

（3）在窗口输入语句：CREATE DATABASE　学生成绩管理。

（4）单击"执行"按钮，如果执行成功，在查询窗口下方会显示"命令已成功完成"的提示信息。此时，在"对象资源管理器"刷新并展开，可以看到刚刚建立的数据库，如图 3-8 所示。

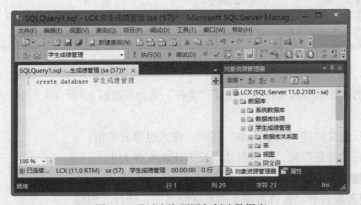

图 3-8　通过查询用语句创建数据库

3.3.2 修改数据库

可以对数据的名称、大小和属性进行修改，修改的方式包括对话框方式、Alter DATABASE 语句和系统存储过程三种方式。本书只介绍通过对话框方式修改数据库。

1. 修改数据库名称

从【对象资源管理器】窗口右键单击数据库名称，选择【重命名】后输入新的名称。

2. 修改数据库大小

（1）数据库应用过程中数据量会不断膨胀，我们需要扩充数据的容量。可以通过三种方式扩大数据库：

① 设置数据库自动增长方式，在创建数据库时设置。

② 直接修改数据库文件或日志文件的大小。

③ 增加新的次要数据文件或日志文件。

（2）修改数据库大小的步骤：

① 在"对象资源管理器"中选择数据库名，右键单击并选择"属性"命令。进入"数据库属性窗口"。如图 3-9 所示。

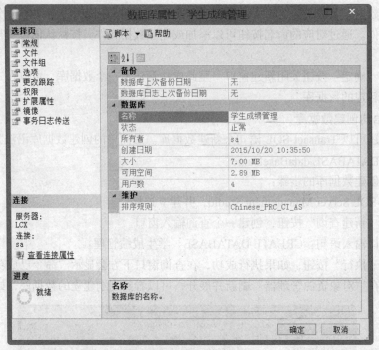

图 3-9　数据库属性设置窗口

② 在打开的"数据库属性窗口"选择"文件"页。在数据文件行的"初始大小"列中，输入想修改的值。

③ 同样在日志文件的"初始大小"列中，输入想修改的值。

④ 单击"自动增长"列，设置自动增长方式和文件大小。

3. 删除数据库

从"对象资源管理器"窗口右键单击数据库名称，选择"删除"。

3.4　管理和操作表

在关系数据库中每个关系都体现为一张表，用来存储数据，具有行列结构的数据库基本对象。其他数据库对象如视图、索引、规则等都依赖于表。

表（Table）的结构包括列（Column）与行（Row）。列描述数据的属性，而行是数据组织的单位。

如图 3-10 所示的是一个存储学生信息的表，包括学号、姓名、性别、籍贯等列，而其中的一行则对应于一个学生实体。

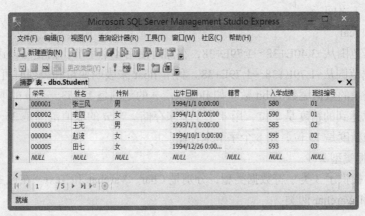

图 3-10　学生信息表

在数据库术语中，列有时被称为字段，行则被称为记录。

3.4.1　数据类型

设计表时，需要确定各字段的数据类型。如学号、姓名等属于文本信息，而成绩、工作等属于数值信息，而出生日期等则为日期信息。SQL Server 2012 系统提供了 28 种数据类型。

1.　数值型数据

（1）Bigint

Bigint 型数据可以存放从 -2^{63} 到 $2^{63}-1$ 范围内的整型数据。以 bigint 数据类型存储的每个值占用 8 个字节，共 64 位，其中 63 位用于存储数字，1 位用于表示正负。

（2）Int

Int 也可以写作 integer，可以存储从 $-2^{31}\sim2^{31}-1$（$-2\,147\,483\,648\sim2\,147\,483\,647$）范围内的全部整数。以 int 数据类型存储的每个值占用 4 个字节，共 32 位，其中 31 位用于存储数字，1 位用于表示正负的区别。

（3）smallint

Smallint 型数据可以存储从 $-2^{15}\sim2^{15}-1$（$-32\,768\sim32\,767$）范围内的所有整数。以 smallint 数据类型存储的每个值占用 2 个字节，共 16 位，其中 15 位用于存储数字，1 位用于表示正负的区别。

（4）Tinyint

Tinyint 型数据可以存储 $0\sim255$ 范围内的所有整数。以 Tinyint 数据类型存储的每个值占用

1 个字节。

整数型数据可以在较少的字节里存储较大的精确数字，而且存储结构的效率很高，所以平时在选用数据类型时，尽量选用整数数据类型。

（5）Decimal 和 Numeric

事实上，Numeric 数据类型是 Decimal 数据类型的同义词。但是二者也有区别，在表格中，只有 Numeric 型数据的列可以带有 Identity 关键字，Decimal 可以简写为 dec。

使用 Decimal 和 Numeric 型数据可以精确指定小数点两边的总位数（精度，precision 简写为 p）和小数点右面的位数（刻度，scale 简写为 s）。

在 SQL Server 中，Decimal 和 Numeric 型数据的最高精度的可以达到 38 位，即 $1 \leqslant p \leqslant 38$，$0 \leqslant s \leqslant p$。Decimal 和 Numeric 型数据的刻度的取值范围必须小于精度的最大范围，也就是说必须在 $-10^{38}-1 \sim 10^{38}-1$ 之间。

（6）float 和 real

Real 型数据范围从 -3.40E+38～1.79E+38，存储时使用 4 个字节。精度可以达到 7 位。

float 型数据范围从 -1.79E+38～1.79E+38。利用 float 来表明变量和表列时可以指定用来存储按科学计数法记录的数据尾数的 bit 数。如 float(n)，n 的范围是 1～53。当 n 的取值为 1～24 时，float 型数据可以达到的精度是 7 位，用 4 个字节来存储。当 n 的取值范围是 25～53 时，float 型数据可以达到的精度是 15 位，用 8 个字节来存储。

2. 字符数据类型

SQL Server 提供了 3 类字符数据类型，分别是 Char、Varchar 和 Text。在这 3 类数据类型中，最常用的 Char 和 Varchar 两类。

（1）Char

利用 Char 数据类型存储数据时，每个字符占用一个字节的存储空间。Char 数据类型使用固定长度来存储字符，最长可以容纳 8000 个字符。利用 Char 数据类型来定义表列或者定义变量时，应该给定数据的最大长度。如果实际数据的字符长度短于给定的最大长度，则多余的字节会用空格填充。如果实际数据的字符长度超过了给定的最大长度，则超过的字符将会被截断。在使用字符型常量为字符数据类型赋值时，必须使用单引号（''）将字符型常量括起来。

（2）Varchar

Varchar 数据类型的使用方式与 Char 数据类型类似。SQL Server 利用 Varchar 数据类型来存储最长可以达到 8000 字符的变长字符。与 Char 数据类型不同，Varchar 数据类型的存储空间随存储在表列中的每一个数据的字符数的不同而变化。

例如，定义表列为 Varchar(20)，那么存储在该列的数据最多可以长达 20 个字节。但是在数据没有达到 20 个字节时并不会在多余的字节上填充空格。

当存储在列中的数据的值大小经常变化时，使用 Varchar 数据类型可以有效地节省空间。

（3）Text

当要存储的字符型数据非常庞大以至于 8000 字节完全不够用时，Char 和 Varchar 数据类型都失去了作用。这时应该选择 Text 数据类型。

Text 数据类型专门用于存储数量庞大的变长字符数据。最大长度可以达到 $2^{31}-1$ 个字符，约 2GB。

3. Unicode 字符数据类型

Unicode 是计算机中使用的一中编码，为每种语言中的一个字符设定了统一的二进制编码。

Unicode 字符数据类型包括 Nchar、Nvarchar、Ntext 三种。

（1）Nchar

其定义形式为 Nchar（n）。它与 Char 数据类型类似，不同的是 Nchar 数据类型 n 的取值为 1～4000。Nchar 数据类型采用 Unicode 标准字符集，Unicode 标准用两个字节为一个存储单位，其一个存储单位的容纳量就大大增加了，可以将全世界的语言文字都囊括在内，在一个数据列中就可以同时出现中文、英文、法文等，而不会出现编码冲突。

（2）Nvarchar

其定义形式 Nvarchar（n）。它与 Varchar 数据类型相似，Nvarchar 数据类型也采用 Unicode 标准字符集，n 的取值范围为 1～4000。

（3）Ntext

与 Text 数据类型类似，存储在其中的数据通常是直接能输出到显示设备上的字符，显示设备可以是显示器、窗口或者打印机。Ntext 数据类型采用 Unicode 标准字符集，因此其理论上的容量为 2^{30}-1（1 073 741 823）个字节。

4. 日期/时间数据类型

SQL Server 提供的日期/时间数据类型可以存储日期和时间的组合数据。以日期和时间数据类型存储日期或时间的数据比使用字符型数据更简单，因为 SQL Server 提供了一系列专门处理日期和时间的函数来处理这些数据。如果使用字符型数据来存储日期和时间，只有用户本人可以识别，计算机并不能识别，因而也不能自动将这些数据按照日期和时间进行处理。

日期/时间数据类型共有 Datetime 和 Smalldatetime 两类。

（1）Datetime

Datetime 数据类型范围从 1753 年 1 月 1 日到 9999 年 12 月 31 日，可以精确到千分之一秒。Datetime 数据类型的数据占用 8 个字节的存储空间。

（2）Smalldatetime

Smalldatetime 数据范围从 1900 年 1 月 1 日到 2079 年 6 月 6 日，可以精确到分。Smalldatetime 数据类型占 4 个字节的存储空间。

SQL Server 在用户没有指定小时以上精度的数据时，会自动设置 Datetime 和 Smalldatetime 数据的时间为 00：00：00。

5. 其他数据类型

在 SQL Server 中，共使用了 3 种数据类型来存储二进制数据，分别是 **binary**、**varbinary** 和 **Image**。

货币数据类型专门用于货币数据处理。SQL Server 提供了 **Money** 和 **Smallmoney** 两种货币数据类型。

3.4.2　创建表

创建表之前，应通过数据库设计确定表中要包含的列，每列的数据类型，哪些列允许为空，哪些字段组成主键，以及字段的约束或其他规则等。

可以通过 SQL Server Management Studio 交互式创建表，也可以通过 SQL 语句创建表，本章先介绍前面一种方法。

（1）运行 SQL Server Management Studio，建立连接。在"对象资源管理器"窗口展开服务器，选择"数据库"→"学生成绩管理"节点。

（2）右键单击"表"，并选择新建表命令，打开表设计器窗口。如图 3-11 所示。

（3）在表设计窗口中，输入字段名。

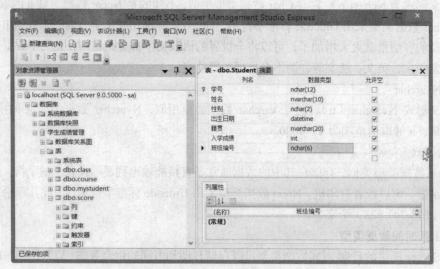

图 3-11　表设计器窗口

（4）根据设计要求，设置字段的数据类型，以及是否允许字段值为空。

（5）设计完成后，按"保存"按钮，或"Ctrl+S"键，在弹出对话框输入表名为"Student"。

（6）单击"确定"按钮保存创建。

如要查看新建的表，可在左侧对象资源管理器窗口重新展开"学生成绩管理"数据库节点。

3.4.3　修改与维护表

SQL Server Management Studio 同样可以交互式修改已存在表的结构。

（1）重命名表

右键单击表名，弹出窗口选择"重命名"，并输入新表名。

（2）删除表

右键单击表名，弹出窗口选择"删除"，在弹出的"删除对象"窗口中，选中删除对象，单击"确定"按钮。

（3）修改表中的列

选中表名，单击右键，在弹出窗口选择"修改"，即进入"表设计器"窗口。如图 3-11 所示。

（4）添加新字段

在打开的表设计器中，将输入点置于最后的空行，可输入列名和数据类型来添加新字段（如果表中已有记录，请将"允许空"选项打钩）。

（5）修改列属性

修改列属性包括重新设置列名、数据类型、长度、是否允许空等。在表设计器中交互可以完成修改。

（6）删除列

在表设计器中，选中要删除的字段所在行，右键单击，从弹出快捷菜单中选择"删除列"命令。删除完成后，单击"确定"按钮。

在删除表字段和修改表字段长度是要注意表中已有数据的情况，避免因误操作造成数据丢失。

（7）设置表的访问权限

例如，将表 Student 的部分访问权限授予"public"角色的步骤如下：

① 在"对象资源管理器"窗口选中"Student"表，右键单击，在弹出窗口中选择"属性"。

② 在"表属性"窗口中，选择"权限"选项，进入权限页面。如图 3-12 所示。

③ 通过"搜索"按钮，选择并添加 public 角色。

④ 在列出的插入、查看、更新等操作权限中选择需要授与 public 角色的，然后在单选框选中。

⑤ 单击"列权限"，可以进入列权限对话框，可以将权限设置细化到列一级。

⑥ 单击"确定"，完成表属性修改。

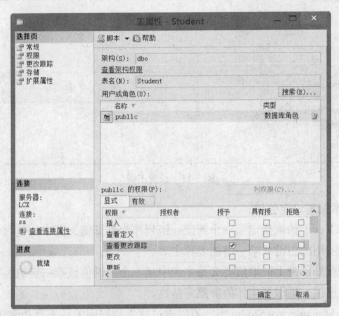

图 3-12　表权限设置窗口

3.4.4　数据完整性设定

数据库系统中为了实现数据的实体、参照完整性和用户，提供了主键、外键、约束等手段和机制。

1. 设定表主键

主键（Primary Key）用于实现关系的实体完整性，即保证不会出现两行完全相同的记录，也确定主键数据不出现 NULL 值。每个表都应设定主键。

同一个表中可能存在不同的字段组合可以唯一标识一条记录，这些字段组合都称为候选键，但只能选择候选键中的一个来设定为表的主键。

SQL Server 2012 中，主键有三种设定方式。

① 作为定义的一部分，在创建表时创建。

② 在没有设定主键的表添加主键。

③ 修改或删除已有的主键约束。

SQL Server Management Studio 交互式设定主键的步骤如下。

① 运行 SQL Server Management Studio。建立连接。

② 在"对象资源管理器"选择表，右键单击，选择"修改表"命令进入"表设计器窗口"

③ 在"表设计器窗口"中，选中要设为主键的字段（如果设定的主键是多字段主键，可以用 Ctrl 键结合鼠标同时选中多行），右键单击，在快捷菜单中选择"设置主键"。如图 3-13 所示。

此时被设定的字段前显示钥匙图样，表示已设置为主键。如要重新设定，可以单击右键，选择移除主键。

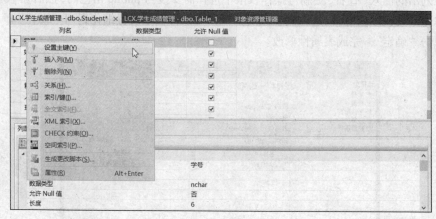

图 3-13　设置主键

2. 数据库关系图与设定外键

外键（Foreign Key）约束指定某一个列或一组列作为外部键，其中，包含外部键的表称为从表，包含外部键所引用的主键或唯一键的表称主表。

系统保证从表在外部键上的取值要么是主表中某一个主键值或唯一键值，要么取空值。以此保证两个表之间的连接，确保了实体的参照完整性。

在 SQL Server Management Studio 中，可以通过建立数据库关系来自动建立外键约束。

以学生成绩管理数据库为例，交互式建立表关系图设定外键的步骤如下：

（1）运行 SQL Server Management Studio，建立连接。

（2）在"对象资源管理器"选择"学生成绩管理"数据库，右键单击，如图 3-14 所示。选择"数据关系图"命令进入"添加表"对话框，如图 3-15 所示。

图 3-14　数据库关系图命令

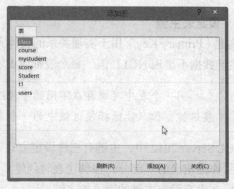

图 3-15　添加表对话框

（3）在"添加表"对话框中，选中要建立关系的表，鼠标左键双击进入"关系设计窗口"。如图 3-16 所示。

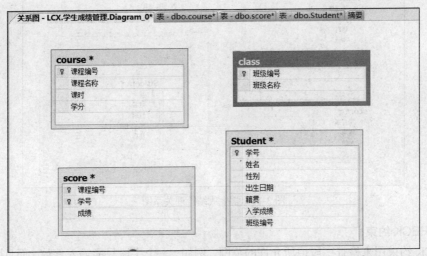

图 3-16　关系设计窗口

（4）建立班级表（student）与学生表（student）的关系。在"关系设计窗口"中选中 class 表中的班级编号字段，用鼠标拖曳到 student 表的班级编号字段，此时会弹出"表和列"对话框。如图 3-17 所示。单击确定，此时在关系图中，student 表与 class 表中间会出现一根联线，表示已建立班级到学生的一对多关系。

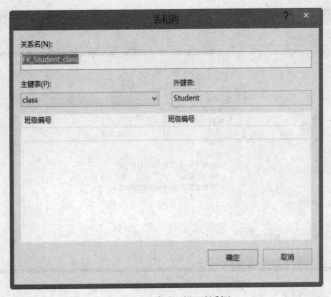

图 3-17　"表和列"对话框

（5）按照步骤 4，依次建立其他的表关系。建立好数据库关系图。如图 3-18 所示。

（6）单击"确定"按钮，并给关系图命名，保存关系图。此时浏览各表，可以看到关系图对相关产生的外键已经建立。

（7）修改和删除关系与添加关系的操作过程基本类似，在此不再重复。

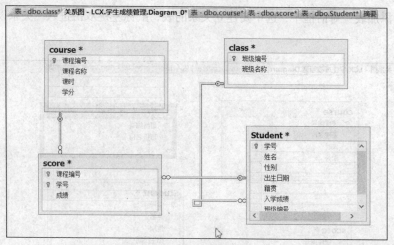

图 3-18　学生成绩管理关系图

3. CHECK 约束

CHECK 约束用来检查字段值所允许的范围，例如，一个字段只能输入整数，而且限定在 0～100 的整数，以此来保证域的完整性。

以设定学生成绩表的成绩字段的值在 0～100 为例，交互式设定 CHECK 约束的步骤如下：

（1）运行 SQL Server Management Studio。建立连接。

（2）在"对象资源管理器"选择"学生成绩管理"数据库并选择"成绩表"展开，选择"约束"，右键单击，选择"添加约束"命令，进入"CHECK 约束"对话框。如图 3-19 所示。

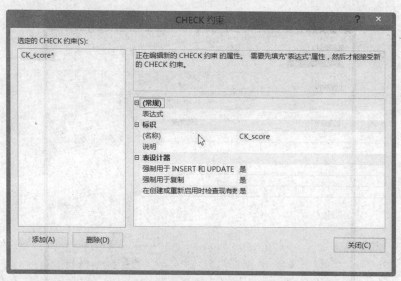

图 3-19　"CHECK 约束"对话框

（3）在"CHECK 约束"对话框中，选择表达式栏，单击右侧的按钮后。进入"表达式"对话框，输入约束条件，如图 3-20 所示。

（4）单击"确定"，保存成绩表的 CHECK 约束。

此时，如果对成绩表的成绩字段进行增加、修改操作，对成绩的 CHECK 约束将会起作用，限制非法输入。

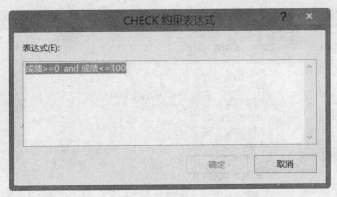

图 3-20　"CHECK 约束"对话框

3.4.5　创建索引

在日常生活中我们会经常遇到索引，例如图书目录、词典索引等。借助索引，人们会很快地找到需要的东西。

索引是数据库随机检索的常用手段，它实际上就是记录的关键字与其相应地址的对应表。

例如，当我们要在本书中查找有关"SQL 查询"的内容时，应该先通过目录找到"SQL 查询"所对应的页码，然后从该页码中找出所要的信息。这种方法比直接翻阅书的内容要快。

如果把数据库表比作一本书，则表的索引就如书的目录一样，通过索引可大大提高查询速度。

此外，在 SQL SERVER 中，行的唯一性也是通过建立唯一索引来维护的。

索引的作用可归纳为如下：

① 加快查询速度；

② 保证行的唯一性。

在 SQL SERVER 2012 中，按照索引记录的存放位置可分为聚集索引与非聚集索引。

聚集索引：按照索引的字段排列记录，并且依照排好的顺序将记录存储在表中。

非聚集索引：按照索引的字段排列记录，但是排列的结果并不会存储在表中，而是另外存储。

1. 交互式创建索引

以创建学生表姓名字段的唯一索引为例。在 SQL Server Management Studio 中，创建索引按照以下步骤进行。

（1）运行 SQL Server Management Studio。建立连接。

（2）在"对象资源管理器"选择"学生成绩管理"数据库并选择"学生表"展开，选择"索引"，单击右键，选择"新建"命令，进入"新建索引"对话框。如图 3-21 所示。

（3）在"索引名称"框输入索引名称，如：student_idx1。

（4）在索引类型下拉列表框选择索引类型，如聚集索引或非聚集索引。

（5）在下方的"索引键列"部分选择"添加"命令，选择索引所包含的字段，如：姓名。

（6）在"唯一"单选框选择是否将建立的索引设为唯一索引。唯一索引即保证索引字段取值是唯一的。本例选择"是"，在"唯一"单选框打钩。

（7）单击"确定"，则名为 student_idx1 的唯一索引已经创建。

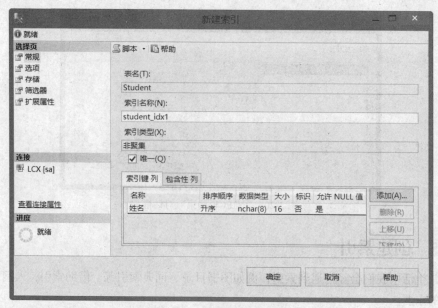

图 3-21 "新建索引"对话框

2. 查看和删除索引

在对象资源管理器，选择数据库，再选择数据表，右键单击，选择"索引"，即可看到已建立在该表的所有索引。

> 在表上建立主键后，系统已经自动建立一个唯一索引，以保证主键取值的唯一性。

在对象资源管理器，选择数据库，再选择数据表，右键单击，选择"索引"，在索引列表中选择要删除的索引，右键单击，选择"删除"命令，即可删除索引。

3.4.6 表中数据的维护

对数据表中的数据进行维护，包括查看表中的记录，新增记录、修改记录和删除记录。本节介绍以交互方式通过 SQL Server Management Studio 进行数据维护的一般过程。

1. 查看表中的记录

通过 SQL Server Management Studio 工具，可以方便地浏览数据表的所有记录。具体操作可参考以下步骤：

（1）运行 SQL Server Management Studio。建立连接。

（2）在"对象资源管理器"选择"学生成绩管理"数据库并选择表。

（3）右击该表，选择"编辑前 200 行"命令。如图 3-22 所示。

（4）在"文档"窗口中，将显示该表的所有记录。如图 3-23 所示。

2. 添加新记录

交互式向数据表添加新的记录非常方便，可参考以下步骤：

（1）运行 SQL Server Management Studio。建立连接。

（2）在"对象资源管理器"选择"学生成绩管理"数据库并选择表。

（3）右键单击该表，选择"打开"表命令，进入表浏览窗口。

图 3-22　表右键菜单

图 3-23　数据表浏览

（4）在表浏览窗口的最后一行，标有"*"的数据行中，输入个字段的值。如图 3-24 所示。

（5）输入完毕后，选择其他行，失去焦点后。即完成新记录添加。

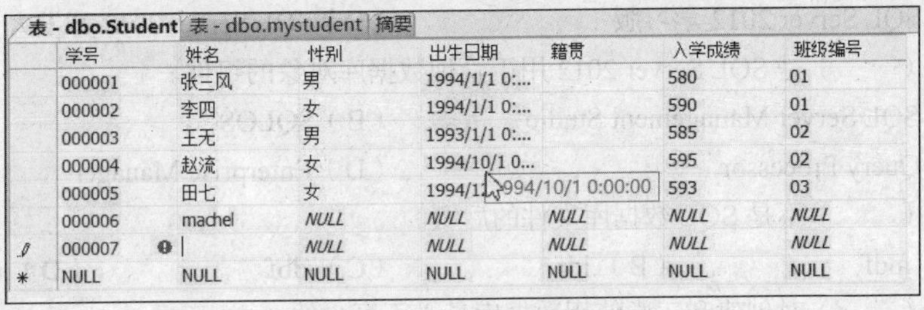

图 3-24　添加新记录

3. 修改和删除记录

在数据表交互式修改与删除记录，可参考以下步骤：

（1）运行 SQL Server Management Studio。建立连接。

（2）在"对象资源管理器"选择"学生成绩管理"数据库并选择表。

（3）右键单击该表，选择"打开"表命令，进入表浏览窗口。

（4）在如图 3-24 的表浏览窗口中，选择选择要修改的记录和列，将字段值改为新值，即可修改记录。

（5）在如图 3-24 的表浏览窗口中，选择选择要删除的记录，单击右键，选择"删除"命令，即可删除该行记录。

小　　结

本章首先介绍了 SQL Server 2012 的一些基本背景，包括 SQL Server 2012 的版本以及 SQL Server 2012 体系结构，然后对管理工具 SQL Server Management Studio 做了简单介绍。

SQL Server 2012 由系统数据库、数据文件，以及表、视图、存储过程、触发器、索引等对象组成，数据的存储和完整性等规则由这些对象来实现。

如果需要建立自己的应用，则需创建数据库和修改数据库，本章介绍了利用管理工具建立和修改数据库的方法和步骤。

表是最基本的数据库对象，本章也介绍了创建、修改表的方法和步骤，以及完整性的设定。也介绍了对表中数据进行维护的方法。

习　题

一、单项选择题

1. 在"连接"组中有两种连接认证方式，其中在（　　　　），需要客户端应用程序连接时提供登录时需要的用户标识和密码。

    （A）Windows 身份验证　　　　　　　　（B）其他方式登录时

    （C）以超级用户身份登录时　　　　　　（D）SQL Server 身份验证

2. 以下（　　　）的 SQL Server 2012 是微软公司的 Visual Studio 2012 开发平台免费提供的。

    （A）SQL Server 2012 企业版　　　　　（B）SQL Server 2012 标准版

    （C）SQL Server 2012 学习版　　　　　（D）SQL Server 2012 开发人员版

3. 以下（　　　）是 SQL Server 2012 用于管理数据库对象的组件。

    （A）SQL Server Management Studio　　　（B）SQLOS

    （C）Query Processor　　　　　　　　　（D）Enterprise Manager

4. 下列（　　　）不是 SQL 数据库文件的后缀。

    （A）.mdf　　　　　　（B）.ldf　　　　　　（C）.dbf　　　　　　（D）.ndf

5. 下列（　　　）对创建和正常使用数据库是必不可少的。

    （A）日志文件　　　（B）主数据文件　　　（C）次要数据文件　　　（D）安装程序文件

6. SQL Server 的主数据库是（　　　）。

    （A）MASTER　　　　（B）TEMPDB　　　　（C）MODEL　　　　（D）MSDB

7. 每个数据库有且只有一个（　　　）。

    （A）主要数据文件　　（B）次要数据文件　　（C）日志文件　　　（D）索引文件

8. （　　　）能够创建数据库。

    （A）有 CREATE DATABASE 权限的用户　　（B）任何用户

    （C）任何 SQL Server 用户　　　　　　　（D）任何 Windows 用户

9. 在 SQL Server 中，不是对象的是（　　　）。

    （A）用户　　　　　（B）数据　　　　　（C）表　　　　　　（D）数据类型

10. 表在数据库中是一个非常重要的数据对象，它是用来（　　　）各种数据内容的。

    （A）显示　　　　　（B）查询　　　　　（C）存放　　　　　（D）检索

11. 主键约束用来强制数据的（　　　）完整性。

    （A）域　　　　　　（B）实体　　　　　（C）参照　　　　　（D）ABC 都可以

12. 以下关于主键的描述正确的是（　　　）。

    （A）标识表中唯一的实体　　　　　　　（B）创建唯一的索引，允许空值

    （C）只允许以表中第一字段建立　　　　（D）表中允许有多个主键

二、操作题

1. 创建数据库。

创建一个 test 数据库，其主数据文件逻辑名 test_data，物理文件名 test_data.mdf，初始大小 10MB，最大尺寸为无限大，增长速度 1MB；数据库日志文件逻辑名称为 test_log，物理文件名为 test_log.ldf，初始大小为 1MB，最大尺寸为 5MB，增长速度为 10%。

2．查看数据库属性。

使用 SQL Server Management Studio 查看数据库 test 属性。

3．删除数据库。

使用 SQL Server Management Studio 删除数据库 test。

4．创建表。

（1）创建学生表。

表名：student				说明：学生基本信息表	
属性列	数据类型	长度	空值	列约束	说明
st_id	nVarChar	9	Not Null	PK	学生学号
st_nm	nVarChar	8	Not Null		学生姓名
st_sex	nVarChar	2	Null		学生性别
st_birth	datetime		Null		出生日期
st_score	int		Null		入学成绩
st_date	datetime		Null		入学日期
st_from	nChar	20	Null		学生来源
st_dpid	nVarChar	2	Null		所在系编号
st_mnt	tinyint		Null		学生职务

（2）创建课程信息表。

表名：couse				说明：课程信息表	
属性列	数据类型	长度	空值	列约束	说明
cs_id	nVarChar	4	Not Null	PK	课程编号
cs_nm	nVarChar	20	Not Null		课程名称
cs_tm	int		Null		课程学时
cs_sc	int		Null		课程学分

（3）创建选课表。

表名：slt_couse				说明：选课表	
属性列	数据类型	长度	空值	列约束	说明
cs_id	nVarChar	4	Not Null	FK	课程编号
st_id	nVarChar	9	Not Null	FK	学生编号
score	int		Null		课程成绩
sltdate	datetime		Null		选课日期

5．修改表结构。

（1）向表中添加列：为"slt_couse"表添加"state"列（数据类型为 nvarchar，长度为 4，允许为空）。

（2）修改列数据类型：修改 "dept" 表的 "dp_count" 列数据类型为 int。

（3）删除表中指定列：删除 "dept" 表的 "dp_count" 列。

6. 删除表：删除 "slt_couse" 表。

7. 向表中输入数据记录：分别向 "student" 表、"couse" 表、"slt_couse" 表中输入数据记录。

8. 数据完整性设定。

（1）将 student 表中的 st_sex 列属性更改为 NOT NULL。

（2）将 student 表中的 st_from 列默认值设置为 "湖南省"。

（3）将 dept 表中的 dp_id 列设置为主键。

9. 数据维护。

（1）向 student 表插入一条记录，学号 140201001，姓名为王小五，性别为男，出生日期为 1990 年 9 月 9 日，系号为 11，其余字段为 NULL 或默认值。

（2）修改 student 表记录，将王小五的入学成绩改为 88。

（3）删除表中数据，删除 student 表记录，将学号为 140201001 的记录删除。

第4章
结构化查询语言

SQL 是结构化查询语言（Structured Query Language）的缩写，其功能包括数据查询、数据操纵、数据定义和数据控制四个部分。SQL 语言简洁、方便实用、功能齐全，已成为目前应用最广的关系数据库语言。

4.1 SQL 概述

SQL 语言是 1974 年由 IBM 公司的 Boyce 和 Chamberlin 提出的。由于 SQL 语言具有使用灵活、功能强大、语言简洁等特点，数据库产品厂家纷纷推出支持 SQL 的软件，SQL 语言被计算机界所认可。1986 年 10 月，美国国家标准局（American National Standard Institute，简称 ANSI）批准了 SQL 语言的美国标准，1987 年国际标准化组织（International Organization for Standardization，简称 ISO）也通过了这一标准。SQL 标准经过不断修订和完善，分别于 1989 年公布增强完整性的 SQL89 标准，1992 年公布了 SQL-92 标准，1999 年 ANSI 和 ISO 合作发布了 SQL-99 标准。

目前，SQL 语言已成为关系数据库的标准语言。主流的关系数据库系统，如 Oracle、Sybase、DB2、SQL Server、ACCESS 等都使用 SQL 语言标准。

SQL 语言是一种一体化的语言，它包括了数据定义、数据操纵、数据查询和数据控制等方面的功能，可以实现数据库生命周期中的全部活动。

1. 两种使用方式，统一的语法结构

SQL 语言有两种使用方式：交互式命令方式和嵌入到高级程序设计语言中使用。在两种不同的使用方式下，SQL 语言的语法结构基本一致。

2. 高度非过程化

在使用 SQL 语言时，用户不必了解数据的存储格式、文件的存取路径。存取路径的选择和 SQL 语句操作的过程由系统自动完成。用户只需提出"干什么"，而无需指出"怎么干"。

3. 语言简洁，易学易用

虽然 SQL 语言的功能非常强大，但它的语法简洁。标准 SQL 语言完成核心功能只用 9 个命令动词，并且 SQL 语言的语法接近英语，易学易用。表 4-1 所示为 SQL 命令动词。

表 4-1   SQL 命令动词

SQL 功能	命令动词
数据查询	SELECT
数据定义	CREATE、DROP、ALTER

SQL 功能	命令动词
数据操纵	INSERT、UPDATE、DELETE
数据控制	GRANT，REVOKE

4.2　运算符

运算符实现运算功能，用来指定要在一个或多个表达式中指定的操作。在 SQL Server 2012 中使用以下几种运算符：算术运算符、赋值运算符、位运算符、比较运算符、逻辑运算符、字符串串联运算符和一元运算符。

1. 算术运算符

算术运算符用来对两个表达式执行数学运算，这两个表达式可以是数值数据类型的表达式。如表 4-2 所示为 SQL 算术运算符。

表 4-2　　　　　　　　　　　　　　　　　　　SQL 算术运算符

算术运算符	说明
+	加法
−	减法
*	乘法
/	除法
%	取模，两个整数相除后的余数

除法运算，两个整数相除的结果为整数。

例如：3/5=0

　　　　7/3=2

使用时注意整数相除可能会出现数据丢失。

取模运算，要求其两侧均为整型数据。

例如：7%4=3

2. 位运算符

位运算符在两个表达式之间执行位操作，这两个表达式可以为整数数据类型类别中的任何数据类型。

位运算符及其含义如表 4-3 所示。

表 4-3　　　　　　　　　　　　　　　　　　　位运算符

位运算符	说明
&(与，and)	按位逻辑与运算
|(或，OR)	按位逻辑或运算
~(非，NOT)	按位逻辑非运算
^(异或)	按位异或运算

3. 关系运算符

关系运算符用来比较两个类型相同的数据（数值型、货币型、字符型、日期型、逻辑型）是否符合关系运算符规定的关系，若符合，返回逻辑真值，否则返回逻辑假值。

关系运算符及其含义如表 4-4 所示。

表 4-4　　　　　　　　　　　　　　　　　　　　关系运算符

关系运算符	说明
>	大于
=	等于
>=	大于等于
<	小于
<=	小于等于
<>	不等于
!=	不等于
!>	不大于
!<	不小于

关系运算符的两边可以是数值型、货币型、字符型、日期型、逻辑型的数据，比较大小时，它的规则如下：

（1）两个数值型数据或货币型数据比较时，按数值的大小比较。

（2）两个日期型数据比较时，离现在越近的日期越大。

（3）两个逻辑型数据比较时，逻辑真值.T.大于逻辑假值.F.。

例如：　　?34>62　　　　　　　　　　　　&&表达式的值为.F.

　　　　　?{^2014/9/1}>{^2014/10/1}

　　　　　?(21>12)> .F.　　　　　　　　　&&表达式的值为.T.

（4）字符型数据比较时，先比较第一个字符的大小，若第一个字符大，则该串大；若第一个字符相同，则比较第二个字符，直到比较出大小为止。

西文字母按 ASCII 码大小比较，中文默认按拼音码比较大小。

例如：　　?"a">"f"　　　　　　　　　　　　&&表达式的值为.F.

　　　　　?"湖南">"山东"　　　　　　　　　&&表达式的值为.F.

4. 逻辑运算符

逻辑运算符用来连接逻辑值数据。逻辑运算符和关系运算符一样，其运算结果为逻辑型 TRUE 或 FALSE。

按照优先级从高到低：

- 逻辑非：NOT
- 逻辑与：AND
- 逻辑或：OR

逻辑运算符及其含义如表 4-5 所示。

表 4-5   逻辑运算符

逻辑运算符	说明
AND	对两个布尔表达式进行逻辑与运算
OR	对两个布尔表达式进行逻辑或运算
NOT	对两个布尔表达式进行逻辑非运算
BETWEEN	用于测试某一表达式的值是否在某个指定的范围内
LIKE	模式匹配运算符
IN	列表运算符，测试表达式的值在或不在某些列表值内
ALL\SOME\ANY	用于判断表达式和子查询之间的值的关系

逻辑运算符的运算规则如表 4-6 所示，其中 X 和 Y 表示逻辑型数据。

表 4-6   逻辑运算规则

X	Y	X AND Y	X OR Y	NOT X
.F.	.F.	.F.	.F.	.T.
.F.	.T.	.F.	.T.	.T.
.T.	.F.	.F.	.T.	.F.
.T.	.T.	.T.	.T.	.F.

对于逻辑与"AND"，当连接的两个逻辑型数据均为真值时，结果才为真值；对与逻辑或"OR"，当连接的两个逻辑型数据均为假值时，结果才为假值。

例如：表示 X 的取值范围在 20 及 80 之间的表达式：

$$X>=20 \text{ AND } X<=80$$

不能写成 20<=X<=50

表示 30 岁以上的女教师或女职员的逻辑表达式

年龄>=30AND 性别="女".AND.

(身份="教师".OR.职称="职员")

5. 字符串连接运算符

字符串连接运算符加号 (+) 是字符串连接运算符，用它将字符串连联起来。

例如：   ?"That"+"is"   &&表达式的值为"That is"

          ?"5"+"8"   &&表达式的值为"58"

6. 赋值运算符

赋值运算符只有 "=" 一个，它用于给变量赋值。

7. 运算符的优先级

当一个复杂的表达式有多个运算符时，运算符优先级决定执行运算的先后次序。执行的顺序可能严重地影响所得到的值。

在较低级别的运算符之前先对较高级别的运算符进行求值。

运算符的优先级别如表 4-7 中所示。

表 4-7   运算符优先级

优先级	运算符	说明
1	()	小括号
2	+、-、~	正、负、逻辑非

优先级	运算符	说明
3	*、/、%	乘 除 取模
4	+、-、+	加、减、连接
5	=、>、<、>=、<=、<>、!=、!>、!<	各种比较运算符
6	^、&、|	位运算符
7	NOT	逻辑非
8	AND	逻辑与
9	ALL、ANY、BETWEEN、IN、LIKE、OR、SOM	逻辑运算符
10	=	赋值运算符

当一个表达式中的两个运算符有相同的运算符优先级别时，将按照它们在表达式中的位置对其从左到右进行求值。

在表达式中可以使用括号替代所定义的运算符的优先级。首先对括号中的内容进行求值，从而产生一个值，然后括号外的运算符才可以使用这个值。

在一个表达式中，当出现不同类型的运算符时，按下列优先级进行运算：圆括号→算术运算→字符串运算→关系运算→逻辑运算。

4.3　数据定义

SQL 语言使用数据定义语言（Data Definition Language，简称 DDL）实现其数据定义功能，可对数据库用户、基本表、视图、索引进行定义和撤消。

4.3.1　定义数据库用户

1．建立数据库用户

数据库用户是指能够登录到数据库，并能够对数据库进行存取操作的用户。

当 SQL SERVER 系统安装完毕后，数据库管理员就可以通过 CREATE USER 语句建立其他数据库用户了。

语法格式如下。

```
CREATE USER <用户名> IDENTIFIED BY <口令>
```

① <用户名>指定数据库用户的帐号名字，即用户标识符。

② <口令>指用户登录到数据库系统时使用的口令。

这里的用户名和口令可以与用户登录到操作系统时所使用的用户名和口令不同。

【例 4.1】建立一个新用户，其名称为 ZHANGSAN，登录口令为 123。

```
CREATE USER ZHANGSAN IDENTIFIED BY 123
```

2．更改数据库用户的口令

数据库用户最初的口令是由数据库管理员指定的,数据库用户可以用 ALTER USER 命令来更改。

ALTER USER 语句的基本语法格式如下：

```
ALTER USER <用户名> IDENTIFIED BY <口令>
```

【例 4.2】将用户 ZHANGSAN 的口令改为 456。

```
ALTER USER ZHANGSAN IDENTIFIED BY 456
```

3. 删除用户

随着数据库应用的发展和变化，数据库的用户也会发生变化。

如果某些数据库用户不再需要使用数据库，数据库管理员就可以使用 DROP USER 把该用户删掉。

DROP USER 语句的基本语法格式如下：

```
DROP USER <用户名>
```

【例 4.3】删除用户 ZHANGSAN。

```
DROP USER ZHANGSAN
```

4.3.2　定义数据库

本书第 2 章介绍过使用管理工具交互式创建数据库，同样可以使用 SQL 定义语句 CREATE DATABASE 来创建数据库。语句的基本语法格式如下：

```
CREATE DATABASE <数据库名>
```

同样可以通过 ALTER DATABASE 语句修改数据库，DROP DATABASE 删除数据库。

4.3.3　定义数据表

数据表是关系数据库的基本组成单位，它物理地存储于数据库的存储文件中。

1. 创建表

创建一个数据表时主要包括以下几个组成部分：

（1）字段名（列名）：字段名可长达 128 个字符。字段名可包含中文、英文字母、下划线、#、货币符号（￥）及符号@。同一表中不许有重名列。

（2）字段数据类型：见第 2 章。

（3）字段的长度、精度和小数位数。

① 字段的长度。

指字段所能容纳的最大数据量，但对不同的数据类型来说，长度对字段的意义可能有些不同。

对字符串与 UNICODE 数据类型而言，长度代表字段所能容纳的字符的数目，因此它会限制用户所能输入的文本长度。

对数值类的数据类型而言，长度则代表字段使用多少个字节来存放数字。

对 BINARY、VARBINARY、IMAGE 数据类型而言，长度代表字段所能容纳的字节数。

② 精度和小数位数。

精度是指数中数字的位数，包括小数点左侧的整数部分和小数点右侧的小数部分。

小数位数则是指数字小数点右侧的位数。

例如：数字 12345.678，其精度为 8，小数位数为 3。

所以只有数值类的数据类型才有必要指定精度和小数位数。

经常以如下所示的格式来表示数据类型以及它所采用的长度、精度和小数位数，其中的 N 代表长度，P 代表精度，S 表示小数位数。

CHAR(N)　　——　　CHAR(20)

NUMERIC(P，[S])　——　　NUMERIC(8，3)

（4）NULL 值与 DEFAULT 值。

NULL 表示字段值为空，即没有数据值或还未给定数据值。

DEFAULT 值表示某一字段的默认值，当没有输入数据时，则使用此默认的值。

在 SQL 语言中，使用语句 CREATE TABLE 创建数据表，其基本语法格式如下：

```
CREATE TABLE <表名>(<列定义>[{, <列定义>|<表约束>}])
```

命令说明：

① 在创建数据表的命令中要定义每个字段的字段名、字段类型、字段宽度。

② NULL 表示字段允许为空值，NOT NULL 不允许为空值。

③ CHECK (<字段有效性规则>)指定该字段取值的约束条件。

④ DEFAULT<默认值>短语用来指定该字段默认的取值，<默认值>表达式的数据类型应与该字段的数据类型一致。

⑤ PRIMARY KEY 指定该字段创建主索引，UNIQUE 创建候选索引。

【例 4.4】建立一学生表。

```
CREATE TABLE 学生
(学号 CHAR(8),
姓名 VARCHAR(20),
性别 CHAR(2) DEFAULT '男',
出生日期 date,
班级 VARCHAR(20));
```

执行该语句后，便产生了学生基本表的表框架，此表为一个空表。

其中，性别列的缺省值为"男"。

上列为创建基本表的最简单形式，还可以对表进一步定义，如主键、空值的设定，使数据库用户能够根据应用的需要对基本表的定义做出更为精确和详尽的规定。

在 SQL SERVER 中，对于基本表的约束分为列约束和表约束。

列约束是对某一个特定列的约束，包含在列定义中，直接跟在该列的其他定义之后，用空格分隔，不必指定列名。

表约束与列定义相互独立，不包括在列定义中，通常用于对多个列一起进行约束，与列定义用","分隔，定义表约束时必须指出要约束的那些列的名称。完整性约束的基本语法格式如下：

```
[ CONSTRAINT <约束名> ] <约束类型>
```

约束名：约束不指定名称时，系统会给定一个名称。

在 SQL SERVER 中可以定义五种类型的完整性约束，下面分别介绍。

① NULL/NOT NULL。

是否允许该字段的值为 NULL。

NULL 值不是 0 也不是空白，更不是填入字符串"NULL"，而是表示"不知道""不确定"或"没有数据"的意思。

当某一字段的值一定要输入才有意义的时候，则可以设置为 NOT NULL。

如主键列就不允许出现空值，否则就失去了唯一标识一条记录的作用。

NULL/NOT NULL 只能用于定义列约束，其语法格式如下：

```
[CONSTRAINT <约束名> ][NULL|NOT NULL]
```

【例 4.5】建立一学生表，对学号字段设定非空约束。

```
CREATE TABLE 学生
(学号 CHAR(8) NOT NULL ,
姓名 VARCHAR(20),
性别 CHAR(2) DEFAULT '男' ,
出生日期 date,
班级 VARCHAR(20));
```

当 SNO 为空时，系统给出错误信息，无 NOT NULL 约束时，系统缺省为 NULL。约束名一般省略，系统会自动生成约束名。

② UNIQUE 约束。

UNIQUE 约束用于指明基本表在某一列或多个列的组合上的取值必须唯一。

定义了 UNIQUE 约束的那些列称为唯一键，系统自动为唯一键建立唯一索引，从而保证了唯一键的唯一性。

唯一键允许为空，但系统为保证其唯一性，最多只可以出现一个 NULL 值。

UNIQUE 既可用于列约束，也可用于表约束。

UNIQUE 用于定义列约束时，其语法格式如下：

```
[CONSTRAINT <约束名>] UNIQUE
```

【例 4.6】建立一个学生表，定义姓名为唯一键。

```
CREATE TABLE 学生
(学号 CHAR(8) NOT NULL ,
姓名 VARCHAR(20) UNIQUE,
性别 CHAR(2) DEFAULT '男' ,
出生日期 date,
班级 VARCHAR(20));
```

③ PRIMARY KEY 约束。

PRIMARY KEY 约束用于定义基本表的主键，起唯一标识作用，其值不能为 NULL，也不能重复，以此来保证实体的完整性。

PRIMARY KEY 与 UNIQUE 约束类似，通过建立唯一索引来保证基本表在主键列取值的唯一性，但它们之间存在着很大的区别：

- 在一个基本表中只能定义一个 PRIMARY KEY 约束，但可定义多个 UNIQUE 约束；

- 对于指定为 PRIMARY KEY 的一个列或多个列的组合，其中任何一个列都不能出现空值，而对于 UNIQUE 所约束的唯一键，则允许为空。

PRIMARY KEY 既可用于列约束，也可用于表约束。

PRIMARY KEY 用于定义列约束时，其语法格式如下：

```
CONSTRAINT <约束名> PRIMARY KEY
```

【例 4.7】建立学生表，定义学号为主键。

```
CREATE TABLE 学生
(学号 CHAR(8) PRIMARY KEY,
姓名 VARCHAR(20),
性别 CHAR(2) DEFAULT '男' ,
出生日期 date,
```

班级 VARCHAR(20));

而如果表是复合主键的话，则需定义表级主键约束。

【例 4.8】建立一个选课表，定义学号+课程号为表主键。

```
CREATE TABLE 选课
(学号 CHAR(8) NOT NULL,
课程号 CHAR(5) NOT NULL,
成绩 NUMERIC(3),
CONSTRAINT SC_PRIM PRIMARY KEY(学号，课程号));
```

④ FOREIGN KEY 约束。

FOREIGN KEY 约束指定某一个列或一组列作为外部键，其中，包含外部键的表称为从表，包含外部键所引用的主键或唯一键的表称主表。

系统保证从表在外部键上的取值要么是主表中某一个主键值或唯一键值，要么取空值。以此保证两个表之间的连接，确保了实体的参照完整性。

FOREIGN KEY 既可用于列约束，也可用于表约束，

其语法格式如下。

```
[CONSTRAINT <约束名>] FOREIGN KEY REFERENCES <主表名> (<列名>[{<列名>}])
```

【例 4.9】建立选课表，定义学号，课程号为表的外部键。

```
CREATE TABLE 选课
(学号 CHAR(8) NOT NULL  FOREIGN KEY REFERENCES 学生(学号),
课程号 CHAR(5) NOT NULL FOREIGN KEY REFERENCES 课程(课程号),
成绩 NUMERIC(3),
PRIMARY KEY (SNO, CNO));
```

⑤ CHECK 约束。

CHECK 约束用来检查字段值所允许的范围，例如，一个字段只能输入整数，而且限定为 0～100 之间的整数，以此来保证域的完整性。

CHECK 既可用于列约束，也可用于表约束。

其语法格式如下：

```
[CONSTRAINT <约束名>] CHECK (<条件>)
```

【例 4.10】建立选课表，限定成绩范围在 0～100 之间。

```
CREATE TABLE 选课
(学号 CHAR(8) NOT NULL  ,
课程号 CHAR(5) NOT NULL ,
成绩 NUMERIC(3)CHECK(SCORE>=0 AND SCORE <=100));
```

【综合范例】创建一个学生选课系统数据库，在该数据库中建立学生 (学号、姓名、性别、出生年月、政治面貌、籍贯、班级编号)、成绩（学号、课程编号、成绩）、课程（课程编号、课程名称、学分、学时）并在三个表之间建立联系。

```
create database 学生选课系统
create table 学生
(学号 nchar(12) not null primary key, ;
姓名 nchar(8),
性别 nchar(2) default '男', ;
```

```
出生年月 date,
政治面貌 nchar(4),
班级编号 nchar(8), ;
入学总分 int check (入学总分>=550))
create table 课程
(课程编号 nchar(8) not null primary key,
课程名称 nchar(30),
学分 int check (学分>0),
学时 int default 32)
create table 成绩
(学号 nchar(12) not null references 学生,
课程编号 nchar(8) not null references 课程,
成绩 int  check (成绩>=0))
```

2．修改数据表

数据表创建以后，随着应用的需要，往往需要对原数据表进行修改，使用 Alter Table 命令，可以添加新的字段，修改已有的字段。

命令格式：

```
ALTER TABLE 表名
    ADD 列名数据类型[(长度)][NULL|NOT NULL]
|  ALTER COLUMN 列名数据类型[(长度)][NULL|NOT NULL]
|  DROP COLUMN 字段名 [, …n]
|  ADD CONSTRAINT 约束定义 [, …n]
|  DROP CONSTRAINT 约束名 [, …n]
|  NOCHECK CONSTRAINT 约束名
|  CHECK CONSTRAINT 约束名
```

命令功能：该命令可以添加新的字段，删除字段、修改数据表中字段的数据类型和宽度、添加和去除约束等。

（1）修改字段

命令格式：

```
ALTER TABLE 表名
ALTER COLUMN 列名数据类型[(长度)] [NULL | NOT NULL]
```

命令功能：编辑修改表中指定字段的数据类型、字段宽度等，默认为空值。若不允许为空，则需指定为 NOT NULL。

例如：将学生表的学号字段设置为 nchar，字段宽度设置为 11，非空。

```
alter table 学生 alter column 学号 nchar(11) not null
```

（2）增加字段

命令格式：

```
ALTER TABLE 表名
ADD 列名数据类型[(长度)] [NULL | NOT NULL]
```

命令功能：在已有的数据表中添加列，默认为空；若不允许为空，则需指定为 NOT NULL。

例如：在学生数据表中增加住址字段。

```
alter table 学生 add 住址 nvarchar(255)
```

（3）删除字段

命令格式：

```
ALTER TABLE 表名
DROP COLUMN 字段名 [, ……]
```

命令功能：在已有的数据表中删除列。

注意： 在删除列时必须先删除该列的索引和约束后，才能删除该列。

例如：在学生数据表中删除住址字段。

```
alter table 学生 drop column 住址
```

3. 删除数据表

命令格式：

```
DROP TABLE 表名 [, …n]
```

命令功能：删除指定的数据表。

例如：删除学生表。

```
drop table 学生
```

4.3.4　定义索引

在日常生活中我们会经常遇到索引，例如图书目录、词典索引等。

借助索引，人们会很快地找到需要的东西。索引是数据库随机检索的常用手段，它实际上就是记录的关键字与其相应地址的对应表。

如果把数据库表比作一本书，则表的索引就如书的目录一样，通过索引可大大提高查询速度。

此外，在 SQL SERVER 中，行的唯一性也是通过建立唯一索引来维护的。

索引的作用可归纳如下：

① 加快查询速度；

② 保证行的唯一性。

1. 建立索引

建立索引的语句是 CREATE INDEX，其语法格式如下：

```
CREATE [UNIQUE] [CLUSTER] INDEX <索引名> ON <表名> (<列名> [次序] [{, <列名>}] [次序]…)
```

UNIQUE 表明建立唯一索引。

CLUSTER 表示建立聚集索引。

【例 4.11】 为选课表在学号和课程号上建立唯一索引。

```
USE 学生选课
CREATE UNIQUE INDEX SCI ON 选课(学号，课程号)
```

执行此命令后，为 SC 表建立一个索引名为 SCI 的唯一索引，

此索引为 SNO 和 CNO 两列的复合索引，即对 SC 表中的行先按 SNO 的递增顺序索引，对于相同的 SNO，又按 CNO 的递增顺序索引。

由于有 UNIQUE 的限制，所以该索引在(SNO，CNO)组合列的排序上具有唯一性，不存在重复值。

有关索引需要注意：

（1）改变表中的数据（如增加或删除记录）时，索引将自动更新。索引建立后，在查询使用该列时，系统将自动使用索引进行查询。

（2）索引数目无限制，但索引越多，更新数据的速度越慢。对于仅用于查询的表可多建索引，对于数据更新频繁的表则应少建索引。

2．删除索引

建立索引是为了提高查询速度，但随着索引的增多，数据更新时，系统会花费许多时间来维护索引。这时，应删除不必要的索引。

删除索引的语句是 DROP INDEX，其语法格式如下：

```
DROP INDEX 数据表名.索引名
```

例如，删除课程表的索引 SCI。

```
DROP INDEX 课程.SCI
```

4.4 数据查询

SQL 语言的核心是查询。SQL 语言中实现查询的语句是 SELECT 语句，SELECT 语句具有强大的查询功能，能实现各种查询，既能对单表查询，也能对多表查询，查询效率高，速度快。

4.4.1 SELECT 命令的基本格式

命令格式：

```
SELECT [ALL|DISTINCT]<查询项>
FROM <数据表>[,<数据表>]…
[WHERE <条件表达式>]
[GROUP BY <列名1>[HAVING <分组条件>]]
[ORDER BY <列名2>[ASC|DESC]]
```

命令中各短语的含义：

（1）SELECT <查询项>：说明在查询结果中输出的内容，各查询项之间用逗号隔开。

（2）FROM<数据表>：表明查询的数据来自哪些表，表与表之间要用逗号隔开。

（3）WHERE<条件表达式>：查询数据表中满足指定条件的数据。

（4）GROUP BY<列名1>：对查询结果按"列名1"进行分组

（5）HAVING<分组条件>：用于限定分组必须满足的条件。

（6）ORDER BY<列名2>：对查询的结果按<列名2>进行排序。

SELECT 查询的结果是仍是一个关系。

SELECT 语句的执行过程是：

（1）根据 WHERE 子句的检索条件，从 FROM 子句指定的基本表或视图中选取满足条件的元组，再按照 SELECT 子句中指定的列，投影得到结果表。

（2）如果有 GROUP 子句，则将查询结果按照<列名1>相同的值进行分组。

（3）如果 GROUP 子句后有 HAVING 短语，则只输出满足 HAVING 条件的元组。

（4）如果有 ORDER 子句，查询结果还要按照<列名2>的值进行排序。

4.4.2　简单查询

1.　查询数据表中的全部字段

【例 4.12】查询学生表的全部字段。

SELECT* FROM 学生

注：用'*'表示学生表的全部列名，而不必逐一列出。

2.　查询数据表中的部分字段

【例 4.13】查询全体学生的学号、姓名。

SELECT 学号, 姓名 FROM 学生

3.　使用 as 短语

使用 as 子句将指定列命名为一个新的名称。

【例 4.14】查询学生表的所有学生的学号，姓名，出生日期，班级号。如表 4-8 所示。

SELECT 学号，姓名，出生年月 as 出生日期，班级编号 as 班级号 FROM 学生

表 4-8　　　　　　　　　　　　　　查询结果

学号	姓名	出生日期	班级号
01010101	张雨馨	1985-05-14	010101
01010102	刘鹏	1986-11-28	010101
01010103	李殷	1985-01-29	010101
01010104	王海	1987-11-22	010101
01010105	赵薇	1986-05-08	010101
01010106	龚心染	1986-07-26	010101
01010107	李晓敏	1985-10-27	010101
01010108	黄谷	1986-09-03	010101
01010109	吕前晨	1986-03-02	010101
01010110	李平	1986-06-20	010101
02020101	章鱼尧	1986-07-26	020201

4.　使用 distinct 短语

使用 distinct 短语去掉查询结果中的重复数据。

【例 4.15】查询学生表中学生的籍贯

SELECT distinct 籍贯 FROM 学生

上述从例 4.12 到例 4.15 的查询均为不使用 WHERE 子句的无条件查询，也称作投影查询。

4.4.3　条件查询

当要在表中找出满足某些条件的行时，则需使用 WHERE 子句指定查询条件。

WHERE 子句中，条件通常通过三部分来描述：

① 列名；

② 比较运算符；

③ 列名、常数。

运算符请参见 4.2 小节。

【例 4.16】查询学生表中来自湖南的学生。如表 4-9 所示。

```
SELECT 学号，姓名，出生年月，籍贯 FROM 学生 WHERE 籍贯='湖南'
```

表 4-9　　　　　　　　　　　　　　查询结果

学号	姓名	出生年月	籍贯
01010103	李殷	1985-01-29	湖南
01010106	龚心染	1986-07-26	湖南

【例 4.17】查询学生表中来自湖北的男学生。

```
SELECT 学号，姓名，性别，出生年月，籍贯 FROM 学生 WHERE 籍贯='湖北' AND 性别='男'
```

4.4.4　使用特殊运算符查询

SQL 语言中，使用 BETWEEN、IN、LIKE 特殊运算符进行查询可以帮助我们实行范围、是否在某个集合中和部分匹配等查询需求。

1. IN 运算符

IN 运算符后面接一个集合，集合形式为（元素 1，元素 2，元素 3…）。

IN 运算意为属于集合，即等于集合中任一元素。

【例 4.18】查询学生表中来自山东、广西的学生。

```
SELECT 学号，姓名，出生年月，籍贯
FROM 学生
WHERE 籍贯 IN ('山东','广西')
```

2. BETWEEN…AND 运算符

BETWEEN　<表达式 1> AND　<表达式 2>，运算的值在<表达式 1>和<表达式 2>之间。

【例 4.19】查询学生表中入学成绩介入 580～600 分的学生。

```
SELECT 学号，姓名，性别，入学成绩 FROM 学生 WHERE 入学成绩 BETWEEN 580 AND 600
```

3. LIKE 运算符

LIKE 是字符串匹配运算符，后面接一个带有通配符的字符串，用于模糊查询。

Like 后面主要有 4 种通配符，其中：

（1）%：匹配 0 个或多个的字符串。

（2）_ ：匹配任何单个字符。

（3）[] ：匹配任何在范围或集合之内的单个字符，如：[1-3]只匹配 1、2、3。

（4）[^]：匹配任何不在范围内或集合内的单个字符，如[^1-3]匹配除 1、2、3 之外的其他字符。

【例 4.20】查询所有姓李的学生的学号和姓名。

```
SELECT 学号，姓名
FROM 学生
WHERE 姓名 LIKE '李%'
```

4. NOT 运算符

NOT 运算符即指不满足后面的条件。可在 NOT 后面接逻辑表达式，也可用于 NOT IN 和 NOT BETWEEN AND。

【例 4.21】查询学生表中来自除山东、广西以外的学生。

```
SELECT 学号, 姓名, 出生年月, 籍贯 FROM 学生 WHERE 籍贯 NOT IN ('山东', '广西')
```

4.4.5　统计查询

在使用 SELECT 命令进行查询时，可以使用它内置的函数进行统计查询。

常用于统计查询的数学函数如表 4-10 所示。

表 4-10　　　　　　　　　　　　　SQLSERVER　统计函数

函数名称	函数功能
COUNT	计数
COUNT(DISTINCT <列名>)	计数（去掉重复值）
MAX	求最大值
MIN	求最小值
SUM	求和
AVG	求平均值

注：COUNT(表达式)　其中"表达式"可以是"*""列名"。

（1）COUNT(*)：是 COUNT()函数的特殊形式，返回表中所有数据行的记录数。

（2）COUNT(列名)：返回指定列个数。

【例 4.22】查询学生表中湖北籍学生的人数。

```
SELECT COUNT(*) as 人数 FROM 学生 WHERE 籍贯='湖北'
```

【例 4.23】查询学生表中有多少种籍贯。

```
SELECT COUNT(distinct 籍贯) as 籍贯种数 FROM 学生
```

【例 4.24】查询学生表中入学成绩最高和最低的学生。

```
SELECT max(入学成绩) as 最高分, min(入学成绩) as 最低分 FROM 学生
```

【例 4.25】查询成绩表中学号为 02020201 学生的总成绩和平均成绩。

```
SELECT SUM(成绩) as 总成绩, AVG(成绩) as 平均成绩
FROM 成绩 WHERE 学号='02020201'
```

4.4.6　分组查询

在 SELECT 语言中，利用 GROUP BY 子句可以进行分组查询。GROUP BY 子句可以将查询结果按属性列或属性列组合在行的方向上进行分组，每组在属性列或属性列组合上具有相同的值。

在分组查询中使用 HAVING 短语，从中选出满足条件的组。

注：WHERE 与 HAVING 的区别是作用的对象不同。WHERE 子句作用于表或视图，从中选择满足条件的记录；HAVING 短语作用于分组，从中选出满足条件的组。

【例 4.26】查询学生表中每种籍贯的人数。

```
SELECT 籍贯, COUNT(*) as 人数
FROM 学生
GROUP BY 籍贯
```

说明：GROUP BY 子句按"籍贯"的值分组，所有具有相同籍贯的元组为一组，对每一组使用函数 COUNT 进行计算，统计出每种籍贯学生的人数。

【例 4.27】查询学生表中各年龄段的人数。

```
SELECT YEAR(GETDATE())-YEAR(出生年月) as 年龄, COUNT(*) as 人数 FROM 学生 GROUP by
YEAR(GETDATE())-YEAR(出生年月)
```

【例 4.28】查询学生表中人数在 3 人及以上的省份。

```
SELECT 籍贯, COUNT(*) as 人数 FROM 学生 GROUP BY 籍贯 HAVING COUNT(*)>=3
```

说明：

① 若在分组后还要按照一定的条件进行筛选，则需使用 HAVING 子句。

② GROUP BY 子句按籍贯的值分组，所有具有相同籍贯的元组为一组，对每一组使用函数 COUNT 进行计算，统计出每种籍贯学生的人数。

③ HAVING 子句去掉不满足 COUNT（*）>=3 的组。

当在一个 SQL 查询中同时使用 WHERE 子句，GROUP BY 子句和 HAVING 子句时，其顺序是 WHERE – GROUP BY – HAVING。

WHERE 与 HAVING 子句的根本区别在于作用对象不同。

WHERE 子句作用于基本表或视图，从中选择满足条件的元组；

HAVING 子句作用于组，选择满足条件的组，必须用于 GROUP BY 子句之后，但 GROUP BY 子句可没有 HAVING 子句。

注意：如果在查询语句中有 group by 子句，则 select 子句不允许出现包含非分组字段的表达式。

例如：SELECT 学号，籍贯，COUNT(*) AS 人数 FROM 学生 GROUP BY 籍贯 HAVING COUNT(*)>=3

是非法的 SQL 语句，其中学号不是分组字段，不能出现在 SELECT 子句中。

4.4.7　查询的排序

当需要对查询结果排序时，应该使用 ORDER BY 子句。ORDER BY 子句必须出现在其他子句之后。排序可按升序或降序排列，使用 ASC 短语表示按升序排列，使用 DESC 短语表示按降序排列；没有指明，则默认按升序排列。

【例 4.29】对学生表按入学成绩排序。

```
SELECT 学号, 姓名, 性别, 入学成绩 FROM 学生 ORDER BY 入学成绩
```

【例 4.30】对学生表按班级排序，班级相同的再按入学成绩的降序排列。

```
SELECT 学号, 姓名, 性别, 班级编号, 入学成绩 FROM 学生 ORDER BY 班级编号, 入学成绩 DESC
```

注：ORDER BY 短语后可按多列进行排序，列与列之间用逗号隔开。首先按第一列的顺序排列，第一列值相同时再按第二列的顺序排列…，以此类推。

【例 4.31】查询学生表中入学成绩最高的前 5 名学生信息。

```
SELECT top 5 学号, 姓名, 性别, 入学成绩
FROM 学生
ORDER BY 入学成绩 DESC
```

注：用 ORDER 短语排序时，在 SELECT 后可使用 TOP <整数>显示前面的整数条记录。使用 TOP <整数> PERCENT 显示前面的百分之几的记录。

【例 4.32】查询学生表中入学成绩最低的 20%的学生信息。

```
SELECT TOP 20 percent 学号, 姓名, 性别, 班级编号, 入学成绩 FROM 学生 ORDER BY 入学成绩 DESC
```

4.4.8 表连接和连接查询

以上查询都是基于一个数据表的查询，在实际应用中，通常需要在多个数据表之间进行查询，基于多个数据表之间进行的查询称为连接查询。

数据表之间的联系是通过表的字段值来体现的，这种字段称为连接字段。连接操作的目的就是通过加在连接字段的条件将多个表连接起来，以便从多个表中查询数据。对于连接查询，需要找到两表之间的公共字段。

表的连接方法有两种：

方法 1：表之间满足一定的条件的行进行连接，此时 FROM 子句中指明进行连接的表名，WHERE 子句指明连接的列名及其连接条件。

方法 2：利用关键字 JOIN 进行连接。

1. 利用相同字段进行等值连接

这种方法即是上述方法 1。

【例 4.33】从学生表、课程表和成绩表中查询学生的学号、姓名、所选课程编号、课程名称和成绩信息。如表 4-11 所示。

```
SELECT 学生.学号，姓名，课程.课程编号，课程名称，成绩
FROM 学生，课程，成绩
WHERE 学生.学号=成绩.学号
AND 课程.课程编号=成绩.课程编号
ORDER BY 学号
```

表 4-11 查询结果

学号	姓名	课程编号	课程名称	成绩
01010101	张雨馨	1101	计算机概论	56
01010101	张雨馨	0201	大学英语	64
01010102	刘鹏	1212	计算机网络	54
01010103	李殷	1211	数据库原理及应用	64
01010103	李殷	0201	大学英语	67
01010103	李殷	1101	计算机概论	90
01010106	龚心染	1211	数据库原理及应用	66
01010107	李晓敏	0201	大学英语	67
01010109	吕前晨	1211	数据库原理及应用	87
01010110	李平	1212	计算机网络	90
02020101	章鱼尧	1211	数据库原理及应用	73
02020103	杨勇	1101	计算机概论	78
02020104	朱明媚	1101	计算机概论	66
02020104	朱明媚	1212	计算机网络	70
02020105	张赞	1212	计算机网络	93

续表

学号	姓名	课程编号	课程名称	成绩
02020201	吴玉帆	1211	数据库原理及应用	67
02020201	吴玉帆	0201	大学英语	47
02020201	吴玉帆	1212	计算机网络	75
02020204	刘一平	0201	大学英语	87
02020204	刘一平	1212	计算机网络	85

注：

（1）多表之间进行查询，from 短语后的各个数据表之间用逗号隔开，where 后跟连接条件。

（2）若字段为公共字段，则需在字段前加表名前缀。

【例 4.34】查询学号为 01010103 的同学选修的课程及各科的成绩。

```
SELECT 学生.学号, 姓名, 课程.课程编号, 课程名称, 成绩
FROM 学生, 课程, 成绩
WHERE 学生.学号=成绩.学号
AND 课程.课程编号=成绩.课程编号
AND 成绩.学号='01010103'
```

2. 用关键字 join 进行连接

join 关键字有以下几种用法。

INNER JOIN：显示符合条件的记录，此为默认值，这种查询一般称**内连接**。

LEFT （OUTER）JOIN：显示符合条件的数据行以及左边表中不符合条件的数据行，此时右边数据行会以 NULL 来显示，此称为**左连接**。

RIGHT （OUTER）JOIN：显示符合条件的数据行以及右边表中不符合条件的数据行，此时左边数据行会以 NULL 来显示，此称为**右连接**。

命令格式：

```
SELECT <列名>
FROM 表1 INNER | LEFT | RIGHT JOIN 表2
ON 表1.列名=表2.列名
[WHERE 条件]
[ORDER BY 列名]
```

【例 4.35】查询学生所在的班级名称。

```
SELECT 学号, 姓名, 性别, 学生.班级编号, 班级名称
FROM 学生
INNER JOIN 班级 on 学生.班级编号=班级.班级编号
```

上述语句等价于：

```
SELECT 学号, 姓名, 性别, 学生.班级编号, 班级名称
FROM 学生, 班级
WHERE 学生.班级编号=班级.班级编号
```

【例 4.36】查询所有学生的学号、姓名、选课名称及成绩（没有选课的同学的选课信息显示为空）。

```
SELECT 学生.学号, 姓名, 课程.课程编号, 课程名称, 成绩
```

```
FROM 学生
LEFT OUTER JOIN 选课
ON 学生.学号=选课.学号
LEFT OUTER JOIN 课程
ON 课程.课程号=选课.课程号
```

说明： 此查询为外连接（左连接）查询，查询结果只包括所有的学生，没有选课的同学的选课信息显示为空。

4.4.9　嵌套查询

在 SELECT 语句中，将一个 SELECT…FROM…WHERE 语句嵌套在另一个 SELECT…FROM…WHERE 的 WHERE 子句或 HAVING 短语的条件中的查询称为嵌套查询。处于内层的查询称为子查询，包含子查询的语句称为父查询或外部查询。

嵌套查询命令在执行时，由内向外执行。即先执行子查询，再执行父查询，父查询要用到子查询的结果。

1. 返回一个值的子查询

【例 4.37】查询学生表中与"李平"同龄的学生的信息

```
SELECT 学号,姓名,性别,year(出生年月),籍贯 FROM 学生 WHERE YEAR(出生年月) = (select
year(出生年月)  FROM 学生 WHERE 姓名='李平')
```

查询结果如表 4-12 所示。

表 4-12　　　　　　　　　　　　　学生信息查询结果

学号	姓名	性别	年份	籍贯
01010102	刘鹏	男	1996	河北
01010105	赵薇	女	1996	江苏
01010106	龚心染	男	1996	湖南
01010108	黄谷	男	1996	广西
01010109	吕前晨	男	1996	宁夏
01010110	李平	女	1996	广西
02020101	章鱼尧	男	1996	江苏
02020105	张赞	男	1996	广东
02020201	吴玉帆	男	1996	山东
02020203	李海波	男	1996	山东

说明：

① 子查询的返回值只有一个时，可以用比较运算符（=，>，<）将父查询和子查询连接。

② 本例中子查询返回李平的出生年份 1996，父查询将此值作为 where 的子句的条件。

2. 返回多个值的子查询

当子查询的结果不是一个值，而是一个集合时，则不能直接使用比较运算符，必须在比较运算符后加上 ANY 或 ALL；也可以使用 IN 关键字。

【例 4.38】查询选修了课程编号为 1211 课程的学生姓名。

```
SELECT 姓名
```

```
FROM 学生
WHERE 学号 in (select 学号 from 选课 where 课程编号='1211')
```

查询结果如表 4-13 所示。

表 4-13   选课查询结果

姓名
李殷
龚心染
吕前晨
章鱼尧
吴玉帆

说明: 本例中子查询返回选修 1211 课程的一组姓名, 父查询使用 IN 关键字执行集合查询。

【例 4.39】查询选修了课程编号为 1211 课程的学生姓名(使用 ANY)。

```
SELECT 姓名
FROM 学生
WHERE 学号=ANY (select 学号 from 选课 where 课程编号='1211')
```

使用 ANY 查询, 在子查询中进行比较运算时, 只要有一行能使结果为真, 子查询就为真。若使用 ALL, 则要求所有行都使结果为真, 子查询才为真。

【例 4.40】查询比学号为 02020204 的同学每一科成绩都高的学生成绩信息。

```
SELECT 学生.学号, 姓名, 课程名称, 成绩
FROM 学生, 课程, 成绩
WHERE 学生.学号=成绩.学号 and 课程.课程编号=成绩.课程编号
and 成绩>ALL(select 成绩 from 成绩 where 学号="02020204")
```

查询结果如表 4-14 所示。

表 4-14   成绩查询结果

学号	姓名	课程名称	成绩
01010103	李殷	计算机概论	90
01010110	李平	计算机网络	90
02020105	张赞	计算机网络	93

说明:

① 本例为连接查询结合子查询, 连接学生、课程和成绩的目的是为了查询完整的信息。

② 而子查询的结果是成绩的集合(85, 87), 父查询查询成绩大于这组成绩中所有值的学生成绩信息。

4.5   数据操纵

    SQL 的数据操纵功能是对已有的表进行插入记录、更新记录和删除记录。分别用 INSERT 插入记录、UPDATE 修改记录、DELETE 删除记录。

4.5.1 插入记录

在 SQL 语言中，使用 INSERT INTO 命令向指定的数据表中插入记录。

命令格式 1：

```
INSERT  INTO  <表名>  [(<字段 1>[, <字段 2>…])]
VALUES  (<表达式 1>[, <表达式 2>…])
```

命令功能：向指定的数据表中插入一条记录。

命令说明：

（1）向指定的数据表中插入记录时，当插入的是完整的记录时，可省略字段名；若只是对部分字段赋值，则需指定要赋值的字段名称(<字段 1>，<字段 2>…)。

（2）VALUES <表达式>要追加到记录的各字段的指定值。表达式和对应字段的数据类型必须一一对应。

【例 4.41】在学生表中插入一条记录。

```
INSERT  INTO 学生
VALUES('02020106', '张小严', '男', '1996-10-3', '团员', '宁夏', '010102', 607)
```

注意：

① 要使用逗号分开各个数据，字符型数据要用单引号括起来。

② INTO 子句中没有指定列名，则新插入的记录必须在每个属性列上均有值，且 VALUES 子句中值的排列顺序要和表中各属性列的排列顺序一致。

【例 4.42】在学生表中插入一条部分记录。

```
INSERT  INTO 学生 (学号, 姓名, 性别, 出生年月, 政治面貌, 籍贯, 班级编号)
VALUES ('02020109', '黄方', '男', '1997-1-3', '团员', '河北', '02020202')
```

命令格式 2：

```
INSERT  INTO  <表名>  [(<字段 1>[, <字段 2>…])]
```

子查询

这种方式可以一次插入多行记录，用于将某一数据表的数据抽取数行插入另一表中。

【例 4.43】求出每个学生的平均成绩，把结果存放在新表"平均成绩"中。

先建立新表平均成绩。

```
CREATE TABLE 平均成绩
(学号 VARCHAR(20),
平均成绩 INT)
```

然后执行带子查询的 INSERT 语句。

```
INSERT INTO 平均成绩
SELECT 学号, AVG(成绩)
FROM 成绩
GROUP BY 学号
```

4.5.2 更新记录

在 SQL 语言中，使用 UPDATE 命令来修改和更新命令。

命令格式：

```
UPDATE <表名>  SET<字段 1>=<表达式 1>[, <字段 2>=<表达式 1>……]
```

[WHERE <条件>]

命令功能：在指定的数据表中，对满足给定条件的记录的数据进行更新。

命令说明：

① 使用 UPDATE 命令可以一次更新多个字段的值。

② WHERE <条件>：筛选出要更新的记录。当缺省时，将更新全部数据表中的记录。

1. 修改一行

【例 4.44】将学生表中王海的政治面貌改为党员。

```
UPDATE 学生
SET 政治面貌='党员'
WHERE 姓名='王海'
```

2. 修改多行

【例 4.45】将成绩表中 55-59 分之间的成绩加 5 分。

```
UPDATE 成绩
SET 成绩=成绩+5
WHREE 成绩 between 55 and 59
```

3. 使用子查询提供要修改的值

【例 4.46】将所有学生成绩改为平均成绩。

```
UPDATE 成绩
SET 成绩=
(Select AVG(成绩) from 成绩)
```

4.5.3 删除记录

在 SQL 语言中，使用 DELETE 命令删除记录。

命令格式：

```
DELETE FROM <表名> [WHERE <条件>]
```

命令功能：在指定的数据表中，删除满足条件的记录。

命令说明：WHERE <条件>指出删除的条件。默认时，将删除数据表中的全部记录。

【例 4.47】删除学生表中学号为 01010110 的学生信息。

```
DELETE  FROM 学生
WHERE 学号='01010110'
```

【例 4.48】清空成绩表。

```
DELETE  FROM 成绩
```

执行此语句后，成绩表成为没有数据的空表，但数据库中仍有其表结构。

4.6　视图

　　视图是一个根据数据库表而定制的虚拟逻辑表，是观察表中信息的一个窗口。例如，对于一个学校，其学生的情况保存数据库的一个或多个表中，而作为学校的不同职能部门，所关心的学生数据内容是不同的。即使是同样的数据，也能有不同的操作要求，于是就可以根据他们的不同需求，在物理的数据库上定义他们对数据库所要求的数据结构，这种根据用户观点所定义的数据结构就是视图。

视图与表（有时为了与视图区别，也称表为基本表）不同，视图是一个虚表，即视图所对应的数据不进行实际存储。数据库中只存储视图的定义，对视图的数据进行操作时，系统根据视图的定义去操作与视图相关联的基本表。

视图中的数据是从一个或多个数据表中提取出来的。在视图中，可更新、修改数据，当对视图中的数据进行更新，则原数据表中的数据自动进行更新。

一个数据表可以建立多个视图，一个视图也可以在多个表上建立。

视图有以下优点：

（1）为用户集中数据，简化用户的数据查询和处理。有时用户所需要的数据分散在多个表中，定义视图可将它们集中在一起，从而方便用户的数据查询和处理。

（2）屏蔽数据库的复杂性。用户不必了解复杂的数据库中的表结构，并且数据表的更改也不影响用户对数据库的使用。

（3）简化用户权限的管理。只需授予用户使用视图的权限，而不必指定用户只能使用表的特定列，也增加了安全性。

（4）便于数据共享。各用户不必都定义和存储自己所需的数据，可共享数据库的数据，这样同样的数据只需存储一次。

（5）可以重新组织数据以便输出到其他应用程序中。

使用视图时，要注意以下事项：

（1）只有在当前数据库中才能创建视图。

（2）视图的命名必须遵循标识符命名规则，不能与表同名，且对每个用户视图名必须是唯一的，即对不同用户，即使是定义相同的视图，也必须使用不同的名字。

（3）不能把规则、默认值或触发器与视图相关联。

（4）不能在视图上建立任何索引，包括全文索引。

4.6.1　创建视图

命令格式：

```
CREATE VIEW <视图名>[(列名1, 列名2[, …n])]
AS  SELECT 语句
```

命令功能：创建一个视图。

命令说明：

① 在命令中指定<视图名>，则在当前数据库中创建视图。

② 若使用与源表或视图中相同的列名时，则不必给出列名。

③ 查询 SELECT 语句通常不能含有 ORDER BY 和 DISTINCT 短语。

【例 4.49】建立 010101 班学生信息视图。

```
CREATE VIEW 班级 010101
AS
select 学号, 姓名, 性别, 出生年月, 政治面貌, 籍贯, 班级编号
from 学生
where 班级编号='010101'
```

【例 4.50】对学生表和班级表，建立建筑 0202 班学生信息视图。如表 4-15 所示。

```
CREATE  VIEW 建筑 0202
AS
select 学号，姓名，性别，出生年月，政治面貌，籍贯，学生.班级编号，班级名称
from 学生，班级
where 学生.班级编号=班级.班级编号 and 班级名称='建筑 0202'
```

表 4-15   打开视图建筑 0202

学号	姓名	性别	出生年月	政治面貌	籍贯	班级编号	班级名称
02020201	吴玉帆	男	1996-05-20	党员	山东	020202	建筑 0202
02020202	何子乐	男	1994-02-20	团员	福建	020202	建筑 0202
02020203	李海波	男	1996-11-20	党员	山东	020202	建筑 0202
02020204	刘一平	男	1995-09-02	团员	湖北	020202	建筑 0202
02020205	王涛盘	女	1994-03-05	党员	广西	020202	建筑 0202
02020206	常玉	女	1995-08-08	党员	江苏	020202	建筑 0202
02020207	李平	女	1996-09-08	党员	广东	020202	建筑 0202

【例 4.51】建立学生成绩视图，分别从学生表、课程表和成绩表中选取学生的学号、姓名、所选课程编号、课程名称和成绩信息。

```
CREATE VIEW 学生成绩
(学号，姓名，课程编号，课程名称，成绩)
AS
select 学生.学号，姓名，课程.课程编号，课程名称，成绩
from 学生，课程，成绩
where 学生.学号=成绩.学号
and 课程.课程编号=成绩.课程编号
```

4.6.2 删除视图

命令格式：

```
DROP VIEW <视图名>
```

命令功能：在当前数据库中删除指定的视图

【例 4.52】删除例 4.46 建立的视图。

```
DROP VIEW 班级 010101
```

4.6.3 查询视图

当视图被定义后，就可以像对数据表一样对视图进行查询。

【例 4.53】查询"建筑 0202"视图中年龄小于 20 岁的学生。

```
SELECT  *  FROM 建筑 0202
WHERE  (YEAR(GETDATE())-YEAR(出生年月))<20
```

【例 4.54】查询"学生成绩信息"视图中选修数据库原理应用且成绩在 60 分以上的学生成绩。如表 4-16 所示。

```
SELECT  学号，姓名，成绩
```

```
FROM 学生成绩信息
WHERE　课程名称='数据库原理及应用'and　成绩>=60
```

表 4-16　　　　　　　　　　　　　　　　　成绩查询结果

学号	姓名	成绩
01010103	李殷	64
01010106	龚心染	66
01010109	吕前晨	87
02020101	章鱼尧	73
02020201	吴玉帆	67

从以上两例可以看出，创建视图可以向最终用户隐藏复杂的表连接，简化了用户的 SQL 程序设计。视图还可通过在创建视图时指定限制条件和指定列限制用户对基本表的访问。在创建视图时可以指定列，实际上也就是限制了用户只能访问这些列，从而视图也可看做数据库的安全措施。

4.6.4　更新视图

通过更新视图数据（包括插入、修改和删除）可以修改基本表数据，但并不是所有的视图都可以更新，只有对满足更新条件的视图才能进行更新。

由于视图是一个虚拟的逻辑表，因此，对视图的更新，是通过转换为对原数据表的更新进行的。

【例 4.55】将"建筑 0202"视图中刘一平的政治面貌更新为党员。

```
UPDATE 建筑 0202
SET 政治面貌='党员'
WHERE 姓名='刘一平'
```

小　　结

本章介绍了关系数据库的标准语言 SQL。结构化查询语言（SQL）包括数据定义、数据操纵和数据控制等功能，其中功能最强大的是查询语句 SELECT。

查询可以是简单的投影或选择操作，也可以是多条件相连的复合条件查询。查询的结果可以按一定顺序排序，也可以按某关键字分组，再进行组内条件查询。使用 SELECT 命令不仅可以对单表进行查询，也可以对多表进行查询。

本章还介绍了视图的创建和使用。

习　　题

一、单选题

1. SQL 语言是（　　）语言。
   （A）层次数据库　　　　（B）网络数据库　　　（C）关系数据库　　　　（D）非数据库

2. SQL 语言具有（   ）的功能。

（A）关系规范化、数据操纵、数据控制　　　　（B）数据定义、数据操纵、数据控制

（C）数据定义、关系规范化、数据控制　　　　（D）数据定义、关系规范化、数据操纵

3. 假定学生关系是 S(S#, SNAME, SEX, AGE)，课程关系是 C(C#, CNAME, TEACHER)，学生选课关系是 SC(S#, C#, GRADE)。

要查找选修"数据库原理及应用"课程的"男"学生姓名，将涉及关系（   ）。

（A）S　　　　　　（B）SC, C　　　　（C）S, SC　　　　　（D）S, C, SC

4. 若用如下的 SQL 语句创建一个 student 表：

```
CREATE TABLE student(NO C(4) NOT NULL,
NAME C(8) NOT NULL,
SEX C(2),
AGE N(2))
```

可以插入到 student 表中的是（   ）。

（A）('1428', '李莉', 女, 20)

（B）('1428', '李莉', NULL, NULL)

（C）(NULL, '李莉', '女', '20')

（D）('1428', NULL, '女', 20)

5. 有关 SQL 的 SELECT 语句的叙述中，错误的是（   ）。

（A）SELECT 子句中可以包含表中的列和表达式

（B）SELECT 子句中可以使用别名

（C）SELECT 子句规定了结果集中的列顺序

（D）SELECT 子句中列的顺序应该与表中列的顺序一致

6. 在 SQL SELECT 语句中用于实现关系的选择运算的短语是（   ）。

（A）FOR　　　　（B）WHILE　　　　（C）WHERE　　　　（D）HAVING

7. 在 SQL 查询时，使用 WHERE 子句指出的是（   ）。

（A）查询结果　　（B）查询目标　　（C）查询视图　　（D）查询条件

8. 在当前目录下，删除班级表的命令是（   ）。

（A）DROP 班级　　　　　　　　　　　（B）DROP TABLE 班级

（C）DELETE 班级　　　　　　　　　　（D）DELETE TABLE 班级

9. 在 SQL 语句中，与表达式工资 BETWEEN 1210 AND 1240 功能相同的表达式是（   ）。

（A）工资>=1210　AND 工资<=1240

（B）工资>1210　AND 工资<1240

（C）工资<=1210　AND 工资>1240

（D）工资>=1210　OR 工资<=1240

10. DELETE FROM 职工 WHERE 年龄>55 语句的功能是（   ）。

（A）从职工表中彻底删除年龄大于 55 岁的记录

（B）删除职工表

（C）职工表中年龄大于 55 岁的记录被加上删除标记

（D）删除职工表的年龄列

11. 查询学生表中年龄是 18 岁的学生信息：学号，姓名和年龄，正确的命令是（   ）。

（A）select 学号，姓名，YEAR(GETDATE())-YEAR(出生年月) as 年龄 from 学生 where 年龄=18

（B）select 学号，姓名，YEAR(GETDATE())-YEAR(出生年月) as 年龄 from 学生 where YEAR(GETDATE())-YEAR(出生年月)=18

（C）select 学号，姓名，YEAR(GETDATE())-YEAR(出生年月) as 年龄 from 学生 where YEAR(出生年月)=18

（D）select 学号，姓名，YEAR(出生年月) as 年龄 from 学生 where YEAR(出生年月)=18

12. 查询所有选修了"数据库原理及其应用"的学生的这门课程的成绩，要求得到的信息包括学生姓名和成绩，并按成绩由高到低的顺序排列，下列语句正确的是（　　　）。

（A）SELECT 学生.姓名，成绩.成绩 FROM 学生，成绩；
　　　　WHERE 学生.学号=成绩.学号；
　　　　AND 课程.课程名称=' 数据库原理及其应用'；
　　　　ORDER BY 成绩.成绩 DESC

（B）SELECT 学生.姓名，成绩.成绩 FROM 课程，成绩；
　　　　WHERE 课程.课程编号=成绩.课程编号；
　　　　AND 课程.课程名称=' 数据库原理及其应用'；
　　　　ORDER BY 成绩.成绩 DESC

（C）SELECT 学生.姓名，成绩.成绩 FROM 学生，课程，成绩；
　　　　WHERE 学生.学号=成绩.学号 AND 课程.课程编号=成绩.课程编号；
　　　　AND 课程.课程名称=' 数据库原理及其应用'；
　　　　GROUP BY 成绩.成绩 DESC

（D）SELECT 学生.姓名，成绩.成绩 FROM 学生，课程，成绩；
　　　　WHERE 学生.学号=成绩.学号 AND 课程.课程编号=成绩.课程编号；
　　　　AND 课程.课程名称=' 数据库原理及其应用'
　　　　ORDER BY 成绩.成绩 DESC

13. 向学生表插入一条记录的正确命令是（　　　）。

（A）APPEND INTO 学生 VALUES("2014010125", '赵六', '男', '统计', '1987-5-11'})

（B）INSERT INTO 学生 VALUES("2014010125", '赵六', '男', '1987-5-11', '统计')

（C）APPEND INTO 学生 VALUES("2014010125", '赵六', '男', '1987-5-11', '统计')

（D）INSERT INTO 学生 VALUES("2014010125", '赵六', '男', '1987-5-11')

14. 将"学生"表中班级字段的宽度由原来的 6 改为 10，正确的命令是（　　　）。

（A）ALTER TABLE 学生 ALTER 班级 C(10)

（B）ALTER TABLE 学生 ALTER FIELDS 班级 C(10)

（C）ALTER TABLE 学生 ADD 班级 C(10)

（D）ALTER TABLE 学生 ADD FIELDS 班级 C(10)

第 15～17 题基于三个表，即学生表 S、课程表 C 和学生选课表 SC，它们的结构如下：

```
S(S#, SN, SEX, AGE, DEPT)
C(C#, CN)
SC(S#, C#, GRADE)
```

其中：S#为学号，SN 为姓名，SEX 为性别，AGE 为年龄，DEPT 为系别，C#为课程号，CN

为课程名，GRADE 为成绩。

15. 查询所有年龄大于"李莉"的学生姓名、年龄和性别。正确的 SELECT 语句是（　　　　）。

（A）SELECT SN，AGE，SEX FROM S

　　　　WHERE AGE > (SELECT AGE FROM S

　　　　　　　　WHERE SN= "李莉")

（B）SELECT SN，AGE，SEX

　　　FROM S

　　　WHERE SN="王华"

（C）SELECT SN，AGE，SEX　FROM S

WHERE AGE > (SELECT AGE

　　　　WHERE SN="王华")

（D）SELECT SN，AGE，SEX　FROM S

　　　　WHERE AGE > 王华. AGE

16. 查询选修"数据库原理及其应用"课程的学生中成绩最高的学生的学号。正确的 SELECT 语句是（　　　）。

（A）SELECT S# FORM SC　　WHERE C#="数据库原理及其应用"AND GRAD > =

　　　(SELECT GRADE FORM SC

　　　　WHERE C#="数据库原理及其应用")

（B）SELECT S# FORM SC

　　　WHERE C#="数据库原理及其应用"AND GRADE IN

　　　(SELECT GRADE FORM SC

　　　　WHERE C#="数据库原理及其应用")

（C）SELECT S# FORM SC

　　　WHERE C#="数据库原理及其应用"AND GRADE NOT IN

　　　(SELECT GRADE FORM SC

　　　　WHERE C#="数据库原理及其应用")

（D）SELECT S# FORM SC

　　　WHERE C#="数据库原理及其应用" AND GRADE > =ALL

　　　(SELECT GRADE FORM SC

　　　　WHERE C#="数据库原理及其应用")

17. 检索学生姓名及其所选修课程的课程号和成绩。正确的 SELECT 语句是（　　　　）。

（A）SELECT S．SN，S（C）C#，S（C）GRADE

　　　FROM S

　　　WHERE S．S#=S（C）S#

（B）SELECT S．SN，S（C）C#，S（C）GRADE

　　　FROM SC

　　　WHERE S．S#=S（C）GRADE

（C）SELECT S．SN，S（C）C#，S（C）GRADE

　　　FROM S，SC

　　　WHERE S．S#=S（C）S#

（D）SELECT S．SN，S（C）C#，S（C）GRADE

　　　FROM S．SC

二、问答实践题

针对学生选课系统数据库，使用 SQL 语句执行以下操作：

1. 建立学生选课系统数据库和学生、课程、成绩三个数据表。

2. 查询所有学生的信息。

3. 查询学生表中学生的籍贯的种类。

4. 查询学生表中姓"王"的同学信息。

5. 查询学生表中入学成绩最高的 8 位同学的信息。

6. 查询和"刘一平"同龄的考试的学号、姓名、性别、籍贯。

7. 查询国贸一班的学生人数。

8. 查询学生表中每种政治面貌的人数。

9. 查询学生表中每种年龄的人数。

10. 在学生表、课程表和成绩表中，查询学生的学号、姓名、性别、课程编号、课程名称、成绩，学号相同的排在一起。

第 5 章
数据库设计

数据库设计是指对于一个给定的应用环境，构造最优的数据库模式，建立数据库及其应用系统，使之能够有效地存储数据，满足各种用户的应用需求（信息要求和处理要求）。

在数据库领域内，常常把使用数据库的各类系统统称为数据库应用系统。数据库系统需要操作系统的支持。

数据库的设计任务是在 DBMS 的支持下，按照应用的要求，为某一部门或组织设计一个结构合理、使用方便、效率较高的数据库及其应用系统。

数据库设计应包含两方面的内容：一是结构设计，也就是设计数据库框架或数据库结构；二是行为设计，即设计应用程序、事务处理等。

数据库设计是建立数据库及其应用系统的技术，是信息系统开发和建议中的核心技术。由于数据库应用系统的复杂性，为了支持相关程序运行，数据库设计就变得异常复杂，因此最佳设计不可能一蹴而就，而只能是一种"反复探寻，逐步求精"的过程，也就是规划和结构化数据库中的数据对象以及这些数据对象之间关系的过程。

5.1   数据库设计概述

5.1.1   数据库和信息系统

数据库是信息系统的核心和基础。数据库负责把信息系统中大量的数据按一定的模型组织起来，并提供存储、维护、检索数据的功能，使信息系统的用户能够通过信息系统交互界面方便、及时、准确地从数据库获取所需的信息。

信息系统中包括各种具有业务逻辑关系的子系统和功能模块，数据库是信息系统的各个部分紧密地结合在一起以及如何结合的关键所在。

在信息系统设计中，数据的结构、组织、存储等内容设计是系统设计的重要组成部分，工作量经常要占到二分之一以上，这些工作都是由数据库设计来完成。因此，数据库设计是信息系统开发和建设的重要组成部分。

5.1.2   数据库设计的特点

数据库建设是一个综合性的工程，需要硬件、软件和干件（技术与管理的界面称之为"干件"）各方面的结合。有句俗语：三分技术，七分管理，十二分基础数据。说明要做好数据库设计，设计人员既需要技术方面的知识，如数据库的基本知识和数据库设计技术、计算机科学的基础知识和程序设计的方法和技巧、软件工程的原理和方法；同时也需要应用领域和管理方面的知识，如银行业务信息系统，设计数据库时，设计人员必须充分了解银行业务的数据组织、业务逻辑等，才能设计出符合用户需求的应用系统。

传统的软件工程忽视对应用中数据语义的分析和抽象，只要有可能就尽量推迟数据结构设计的决策。早期的数据库设计致力于数据模型和建模方法研究，忽视了对行为的设计。数据库设计应该与应用系统设计相结合。

结构（数据）设计：设计数据库框架或数据库结构。

行为（处理）设计：设计应用程序、事务处理等。

在数据库中，基础数据即指在新系统测试和试运行前要在数据库中预先组织并存储的最基本的数据。数据库建设中，基础数据的收集、结构设计、存储设计、录入和维护也是有关数据库系统和信息系统能否成功应用的一项重要工作。

5.1.3　数据库设计的方法

数据库设计常用方法可分为四种：直观设计法、规范设计法、计算机辅助设计法和自动化设计法。

目前常用的各种数据库设计方法都属于规范设计法，也叫新奥尔良方法，即运用软件工程的思想与方法，根据数据库设计的特点，提出了各种设计准则与设计规程。这种工程化的规范设计方法也是在目前技术条件下设计数据库的最实用的方法。

在规范设计法中，数据库设计的核心与关键是逻辑数据库设计和物理数据库设计。逻辑数据库设计是根据用户要求和特定数据库管理系统的具体特点，以数据库设计理论为依据，设计数据库的全局逻辑结构和每个用户的局部逻辑结构。物理数据库设计是在逻辑结构确定之后，设计数据库的存储结构及其他实现细节。

规范设计法在具体使用中又可以分为两类：手工设计和计算机辅助数据库设计。按规范设计法的工程原则与步骤用手工设计数据库，其工作量较大，设计者的经验与知识在很大程度上决定了数据库设计的质量。计算机辅助数据库设计可以减轻数据库设计的工作强度，加快数据库设计速度，提高数据库设计质量。但目前计算机辅助数据库设计还只是在数据库设计的某些过程中模拟某一规范设计方法，并以人的知识或经验为主导，通过人机交互实现设计中的某些部分。

通过分析、比较与综合各种常用的数据库规范设计方法，可以将数据库设计分为六个阶段，如图 5-1 所示。

（1）需求分析阶段

准确了解与分析用户需求（包括数据与处理），包括需求调查和需求分析。需求分析是整个设计过程的基础，是最困难、最耗费时间的一步。需求分析的结果是否准确地反映了用户的实际要求，将直接影响后面各个阶段的设计，并影响设计结果的合理性和实用性。

（2）概念结构设计阶段

准确抽象出现实世界的需求后，下一步应该考虑如何实现用户的这些需求。由于数据库逻辑结构依赖于具体的 DBMS，直接设计数据库的逻辑结构会增加设计人员对不同数据库管理系统的数据库模式的理解负担，因此在将现实世界需求转化为机器世界的模型之前，通过对先用户需求进行综合、归纳与抽象，形成一个独立于具体 DBMS 的概念模型，即设计数据库的概念结构。概念结构设计是整个数据库设计的关键。

（3）逻辑结构设计阶段

逻辑结构设计是将抽象的概念结构转换为所选用的 DBMS 支持的数据模型，并对其进行优化。

（4）数据库物理设计阶段

数据库物理设计是为逻辑数据模型选取一个最适合应用环境的物理结构（包括存储结构和存取方法）。

（5）数据库实施阶段

在数据库实施阶段，设计人员运用 DBMS 提供的数据语言及其宿主语言，根据逻辑设计和物理设计的结果建立数据库，编制与调试应用程序，组织数据入库，并进行试运行。

（6）数据库运行和维护阶段

数据库应用系统经过试运行后即可投入正式运行。在数据库系统运行过程中必须不断地对其进行评价、调整与修改。

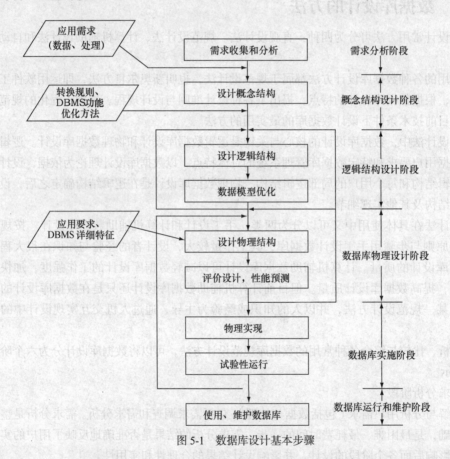

图 5-1　数据库设计基本步骤

设计一个完善的数据库应用系统，往往是这六个阶段不断反复的过程。每完成一个阶段都要进行设计评估，并与用户交流，如果不符合要求则要返回上一阶段进行修改，这种修改往往要重复多次，最后才能设计出准确模拟业务现实的数据库模型。

在数据库设计过程中必须注意以下问题。

（1）数据库设计过程中要注意充分调动用户的积极性。用户的积极参与是数据库设计成功的关键因素之一。用户最了解自己的业务，最了解自己的需求，用户的积极配合能够缩短需求分析的进程，帮助设计人员尽快熟悉业务，更加准确地抽象出用户的需求，减少反复，也使设计出的系统与用户的最初设想更接近。同时用户参与意见，双方共同对设计结果承担责任，也可以减少数据库设计的风险。

（2）应用环境的改变、新技术的出现等都会导致应用需求的变化，因此设计人员在设计数据库时必须充分考虑到系统的可扩充性，使设计易于变动。一个设计优良的数据库系统应该具有一定的可伸缩性，应用环境的改变和新需求的出现一般不会推翻原设计，不会对现有的应用程序和数据造成大的影响，而只是在原设计基础上做一些扩充即可满足新的要求。

（3）系统的可扩充性最终都是有一定限度的。当应用环境或应用需求发生巨大变化时，原设计方案可能终将无法再进行扩充，必须推倒重来，这时就会开始一个新的数据库设计的生命周期。但在设计新数据库应用的过程中，必须充分考虑到已有应用，尽量使用户能够平稳地从旧系统迁移到新系统。

上述六个设计阶段是从应用系统设计开发的全过程来考虑数据库设计，因此这六个阶段既是数据库设计也是应用系统设计的过程。在开发过程中，数据库设计和系统其他部分的设计需要互相配合，相互补充。

数据库设计各阶段设计描述如表 5-1 所示。

表 5-1　　　　　　　　　　　　　　数据库设计描述

设计阶段	设计描述	
	数据	处理
需求分析	数据字典、数据流、数据项、数据存储描述	数据流图（DFD）判定树、数据字典中处理过程的描述
概念结构设计	概念模型（E-R 图） 数据字典的细化	系统说明书。包括：新系统要求、方案、概图。反映新系统信息的数据流图
逻辑结构设计	数据模型（关系模型）	系统结构图、模块结构图
物理结构设计	存储安排、存取方法的选择、存储路径建立	模块设计 IPO 表
系统实施	原始数据装入 数据库试运行	程序编码、编译链接、测试
运行维护	性能测试、转储和恢复数据库、重组和重构	新旧系统切换、新系统运行维护

5.2　需求分析

需求分析也可称之为事实发现，这一阶段的任务就是分析用户的需要与要求，为后续的数据库设计工作做好准备。所谓"需求分析"，指对要解决的问题进行详细分析，弄清楚问题的要求，包括需要输入什么数据，要得到什么结果，最后应输出什么。可以说，"需求分析"就是确定要计算机"做什么"，要达到什么样的效果。需求分析是设计数据库的起点，是系统设计实现之前必需的阶段。需求分析的结果是否准确地反映了用户的实际要求，将直接影响后面各个阶段的设计，并影响设计结果的合理性和实用性。在实际的应用系统开发过程当中，系统后续的设计、实施阶段会出现很多问题，往往是由于需求分析不够精确所造成，这时修改需求往往要付出很大的代价，可以说能否有一个准确的需求分析报告，是应用系统成败的关键之一。因此，在软件系统开发过程中应该高度重视系统的需求分析。

5.2.1 需求分析的任务

数据库设计中，需求分析的任务是通过详细调查现实世界要处理的对象（组织、部门、企业等），充分了解原系统（手工系统或计算机系统）工作概况，明确用户的各种需求；并在此基础上确定新系统的功能。注意新系统必须充分考虑今后可能的扩充和改变，不能仅仅按当前应用需求来设计数据库。

需求分析的过程如图 5-2 所示。

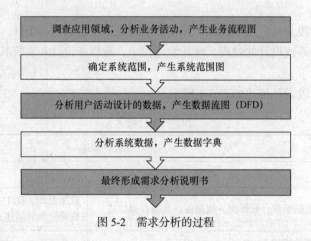

图 5-2　需求分析的过程

系统需求分析阶段，需要通过详细调查现实世界要处理的对象（组织、部门、企业等），充分了解原系统（手工系统或计算机系统）工作概况，明确用户的各种需求。

1. 调查业务领域

调查所采用的方法主要有以下几种。

收集文档：收集与现行系统业务逻辑有关的文件、表格、报告等。

面谈：与各业务相关部门相关人员通过会议或走访形式了解现行系统的业务规则及用户对新系统的要求。

观察业务：现场观察现行业务系统中的各种业务活动。

问卷调查：通过发放纸质或网络调查问卷，了解用户需求。

2. 分析需求、确定系统边界

通过调查了解各个部门输入和使用什么数据，如何加工处理这些数据，输出什么信息，输出到什么部门，输出结果的格式是什么。对各种应用信息的要求进行详细分析以确定新系统的功能。确定哪些功能由计算机完成，或将来准备让计算机完成，确定哪些活动由人工完成。新系统必须充分考虑今后可能的扩充和改变，不能仅仅按当前应用需求来设计数据库。

与用户配合得出用户对新系统的需求，主要包括以下内容。

（1）信息需求：及业务范围内所涉及的数据实体、属性及实体间的联系等。

（2）处理需求：用户为了所需的信息对数据进行处理加工的要求。

（3）其他要求：如用户对安全性的要求和相应时间要求，以及各种数据的完整性约束等。

3. 需求分析的成果

通过调查和分析，形成用户需求，并把这些写成用户和数据库设计者都能接受的文档，即需求分析说明书。

需求分析的主要包括如下内容。

（1）系统概况、系统目标、范围、现状。

（2）系统总体结构与模块结构。

（3）系统功能说明。

（4）数据处理要求。

（5）系统总体方案和可行性分析

需求分析报告通常请专家进行评审，通过后的需求分析报告是开发方与用户方一致认可的权威性文件，是后续设计开发工作的根本依据。

5.2.2　数据流图（DFD）与数据字典（DD）

目前常用的分析方法是自顶向下方法（Structured Analysis，SA）。在众多分析和表达用户需求的方法中，SA方法是一个简单实用的方法。SA方法采用自顶向下、逐层分解的方式分析系统，用数据流图（Data Flow Diagram，DFD）、数据字典（Data Dictionary，DD）描述系统。

1. 数据流图

数据流图是软件工程中专门描绘信息在系统中流动和处理过程的图形化工具。因为数据流图是逻辑系统的图形表示，即使不是专业的计算机技术人员也容易理解，所以是很好的交流工具。

数据流图基于图 5-3 所示的系统抽象。

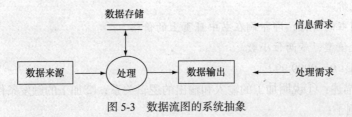

图 5-3　数据流图的系统抽象

数据流图中，用椭圆表示加工，用双线表示数据存储，用方框表示外部实体。

用有向边表示流向，数据流名称（可选）标注在有向边上。简单的系统可以用一个数据流图来标识，如图 5-4 所示是简单图书管理系统的数据流图。

数据流图是有层次之分的，越高层次的数据流图表现的业务逻辑越抽象，越低层次的数据流图表现的业务逻辑则越具体。如图 5-4 所示的形式是最高层次抽象的系统概貌，要反映更详细的内容，可将处理功能分解为若干子功能，每个子功能还可继续分解，直到把系统工作过程表示清楚为止。在处理功能逐步分解的同时，它们所用的数据也逐级分解，形成若干层次的数据流图。

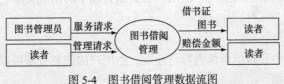

图 5-4　图书借阅管理数据流图

2. 数据字典

数据字典是对数据流图的补充和解释。数据流图中出现的所有的图形元素在数据字典中会对其具体内容进行定义、描述和说明。

（1）数据流的描述：定义数据流的组成（数据结构）。

➢ 数据结构的例子：

● 数据结构名：查书请求。

● 别名：图书查询。

● 描述：查询图书信息时要求输入的关键字。

● 定义：查书请求=书名+作者+出版社。

● 说明：书名、作者和出版社这三项任意一项都可以为空，同时为空时表示列出所有图书的信息。

（2）文件（数据表）的描述：定义数据文件的组成。

➢ 文件（数据表）的例子：

● 文件（表）名：图书。

● 描述：库存图书的信息。

● 定义：图书 = 编号 + 书名 + 作者 + 出版社 + 单价 + 库存量。

● 读文件（表）：提供各项数据的显示，提取图书的信息。

● 写文件（表）：对图书信息进行增加、删除、修改。

（3）数据项的描述：定义数据项，包括数据项的名称、类型、长度、范围。

➢ 数据项的例子：

● 数据项名：单价。

● 别名：定价。

● 描述：图书的价格，即印刷在书中扉页上的价格。

● 定义：数值型，带两位小数。

● 取值范围：0～9999.99。

（4）加工的描述：①说明加工的输入和输出的逻辑关系；②加工的触发条件和出错处理。

➢ 加工的例子：

● 加工名：更新借阅表。

● 输入数据流：读者编号，图书编号，数量，借阅日期。

● 输出数据流：借阅表。

● 加工逻辑：把读者编号，图书编号，数量和借阅日期记录进借阅文件中。

● 触发条件：每当有借/还书业务发生并被确认时。

● 处理频率：比较分散，非集中式处理。

5.2.3　需求分析的重点与难点

需求分析的重点是调查、收集与分析用户在数据管理中的信息要求、处理要求、安全性与完整性要求。

1. 信息要求

用户需要从数据库中获得信息的内容与性质。由用户的信息要求可以导出数据要求，即在数据库中需要存储哪些数据

2．处理要求

（1）对处理功能的要求。

（2）对处理的响应时间的要求。

（3）对处理方式的要求（批处理 / 联机处理）。

3．新系统的功能必须能够满足用户的信息要求、处理要求、安全性与完整性要求。

需求分析的难点在于准确把握客户的最终需求。从一方面来说用户缺少计算机和数据库等方面的的知识，开始时无法确定计算机究竟能为自己做什么，不能做什么，因此无法一下子准确地表达自己的需求，他们所提出的需求往往不断地变化。另一方面如果开发方人员不熟悉用户的专业领域，则不易理解用户的真正需求，甚至误解用户的需求，做出的需求分析往往会有误差。

解决这种困难的方法从开发方来说包括以下几种：

* 分析人员要使用符合客户语言习惯的表达。
* 分析人员要了解客户的业务及目标。
* 分析人员必须编写软件需求报告。
* 开发人员要尊重客户的意见。

从客户方来说，需要做到以下几点：

* 给分析人员讲解您的业务。
* 准确而详细地说明需求。
* 尊重开发人员的需求可行性及成本评估。
* 需求变更要立即联系。
* 尊重开发人员采用的需求分析过程。

5.3　概念结构设计

需求分析阶段描述的用户应用需求是现实世界的具体需求，而将需求分析得到的用户需求抽象为信息结构即概念模型的过程就是概念结构设计，如图 5-5 所示。

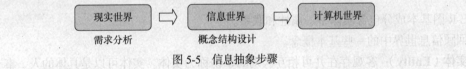

图 5-5　信息抽象步骤

概念结构设计的任务是在需求分析阶段产生的需求说明书的基础上，按照特定的方法把它们抽象为一个不依赖于任何具体机器的数据模型，即概念模型。概念模型使设计者的注意力能够从复杂的实现细节中解脱出来，而只集中在最重要的信息的组织结构和处理模式上。

概念结构设计就是对信息世界进行建模，常用的概念模型是 E-R 模型，它是 P. P. S. Chen 于 1976 年提出来的。

概念结构独立于任何的 DBMS，是各种数据模型的共同基础，它比数据模型更独立于机器、更抽象，从而更加稳定。概念数据模型主要在系统开发的数据库设计阶段使用，是按照用户的观点来对数据和信息进行建模，利用实体关系图来实现。它描述系统中的各个实体以及相关实体之间的关系，是系统特性和静态描述。数据字典也将是系统进一步开发的基础。

5.3.1　概念结构设计的方法和策略

在数据库设计历史中，人们提出过很多种概念模型，而其中运用最广泛的是 E-R 模型（Entity-Relationship，实体-关系），也称 E-R 图。

概念结构设计主要有四种策略：自顶向下，自底向上，由里向外（逐步扩张）和混合策略。而常用策略是自顶向下地进行需求分析，自底向上地设计概念结构，如图 5-6 所示。

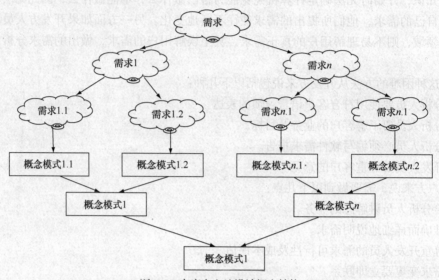

图 5-6　自底向上地设计概念结构

自底向上设计概念结构的步骤：

第 1 步：抽象数据并设计局部视图。

第 2 步：集成局部视图，得到全局概念结构。

第 3 步：评审。

5.3.2　E–R 模型的基本概念与图形表示方法

E-R 图基本成分包含实体型、属性和联系。

回顾信息世界中的一些基本概念。

实体（Entity）：客观存在并可相互区别的事物称为实体。实体可以是具体的人、事、物，也可以是抽象的概念或联系。

属性（Attribute）：实体所具有的某一特性称为属性。一个实体可以由若干个属性来刻画。

码（Key）：唯一标识实体的属性集称为码。

域（Domain）：属性的取值范围称为该属性的域。

实体型（Entity Type）：用实体名及其属性名集合来抽象和刻画同类实体，称为实体型。

实体集（Entity Set）：同型实体的集合称为实体集。

联系（Relationship）：实体内部的联系和实体之间的联系，包括一对一联系（1∶1）、一对多联系（1∶n）、多对多联系（m∶n）。

E-R 模型基本元素的表示方式：

① 实体型：用矩形框表示，框内标注实体名称，如图 5-8（a）所示。

② 属性：用椭圆形框表示，框内标注属性名称，如图 5-8（b）所示。

③ 联系：指实体之间的联系，有一对一（1∶1）、一对多（1∶n）或多对多（m∶n）三种联系类型。例如系主任领导系、学生属于某一系、学生选修课程、工人生产产品，这里"领导""属于""选修""生产"表示实体间的联系，可以作为联系名称。联系用菱形框表示，框内标注联系名称，如图 5-7（c）所示。

(a) 实体　　　　(b) 属性　　　　(c) 联系

图 5-7　E-R 图的三种基本成份及其图形的表示方法

E-R 图当中，以无向边连接实体与属性，表示属性属于实体。同样以无向边连接实体与联系，在无向边上标注 1 或 n、m，表示一对一（1∶1）、一对多（1∶n）或多对多（m∶n）三种联系类型，如图 5-8 所示。

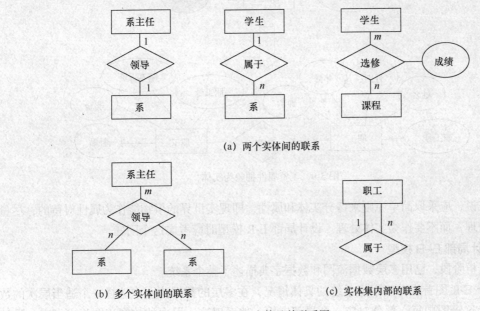

(a) 两个实体间的联系

(b) 多个实体间的联系　　　　(c) 实体集内部的联系

图 5-8　实体及其联系图

5.3.3　E-R 模型设计的步骤

E-R 模型要在需求分析的基础上进行设计，基本步骤如下：

（1）根据需求分析确定实体、属性和实体间的联系。

（2）设计局部 E-R 模型。

（3）对局部 E-R 模型进行综合，设计出总体 E-R 模型。

（4）消除冗余，优化总体 E-R 模型。

下面逐一详细介绍各步骤。

1. 确定实体、属性和实体间的联系

实体：现实世界中一组具有某些共同特性和行为的对象就可以抽象为一个实体。对象和实体之间是 "is member of" 的关系。

例如在学校环境中，可把张三、李四等对象抽象为学生实体。

属性：对象类型的组成成分可以抽象为实体的属性。组成成分与对象类型之间是 "is part of" 的关系。

例如学号、姓名、专业、年级等可以抽象为学生实体的属性，其中学号为标识学生实体的码。

如何确定一个事物是属性还是实体呢？应根据应用环境来确定，即是否关心该事物的 "细微结构"。

例如职工和工资，若不需要了解工资的构成，则工资可作为职工的属性，否则就应把工资作为实体，如图 5-9 所示。

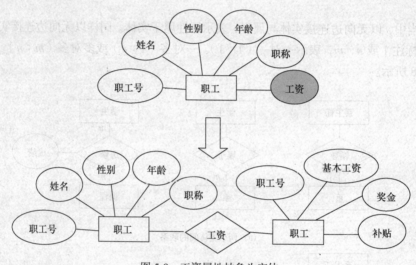

图 5-9　工资属性抽象为实体

一般来说，应采取简单原则来区分实体和属性，即现实世界的事物能作为属性对待的，尽量作为属性处理，而不要作为实体处理。设计局部 E-R 模型时应考虑这个问题。

2. 设计局部 E–R 模型

需求分析阶段，已用多层数据流图和数据字典描述了整个系统。

设计分 E-R 图首先需要根据系统的具体情况，在多层的数据流图中选择一个适当层次的数据流图，让这组图中每一部分对应一个局部应用，然后以这一层次的数据流图为出发点，设计分 E-R 图。

这一阶段的任务是进行数据抽象，标识出局部应用中的实体、属性、码，以及实体间的联系将各局部应用涉及的数据分别从数据字典中抽取出来，参照数据流图，标定各局部应用中的实体、实体的属性、标识实体的码，确定实体之间的联系及其类型（$1:1$、$1:n$、$m:n$）

下面以简单成绩管理系统为例来说明设计过程。

在简单的教务管理系统中，有如下语义约束。

① 一个学生可选修多门课程，一门课程可为多个学生选修，因此学生和课程是多对多的联系；

② 一个教师可讲授多门课程，一门课程可为多个教师讲授，因此教师和课程也是多对多的联系；

③ 一个系可有多个教师，一个教师只能属于一个系，因此系和教师是一对多的联系，同样系和学生也是一对多的联系。

根据上述约定，可以得到如图 5-10 所示的学生选课局部 E-R 图和如图 5-11 所示的教师任课局部 E-R 图。

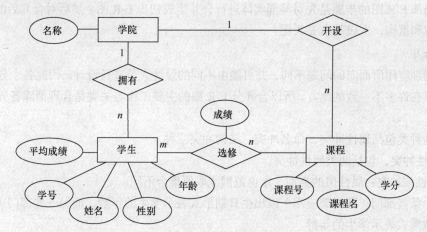

图 5-10 学生选课局部 E-R 图

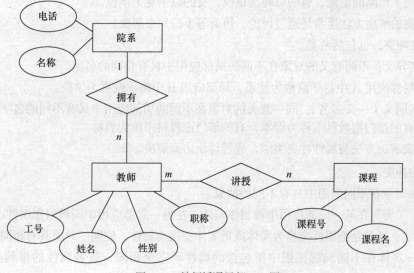

图 5-11 教师授课局部 E-R 图

形成局部 E-R 模型后，应该返回去征求用户意见，以求改进和完善，使之如实地反映现实世界。

3. 设计全局 E-R 模型

各个局部视图即分 E-R 图建立好后，还需要对它们进行合并，集成为一个整体的数据概念结构即总 E-R 图。

视图集成有以下两种方式。

① 一次集成。

一次性集成多个局部 E-R 图，这种方式通常用于局部视图比较简单时。

② 逐步累积式。

首先集成两个局部视图（通常是比较关键的两个局部视图），以后每次将一个新的局部视图集成进来。

实际应用当中，一般采用逐步累积式方法，每次集成两个 E-R 图，这样可以降低难度。

集成局部 E-R 图的步骤是先对局部实体进行合并生成初步 E-R 图，然后对合并后的初步 E-R 图进行修改和重构，生成基本 E-R 图。

（1）合并

各个局部应用所面向的问题不同，并可能由不同的设计人员进行设计。因此各个分 E-R 图之间必定会存在许多不一致的地方，所以合并分 E-R 图的主要工作与关键是合理消除各分 E-R 图的冲突。

冲突的种类包括属性冲突、命名冲突、结构冲突三种。

① **属性冲突**，包括两类属性冲突。

• 属性域冲突：属性值的类型、取值范围或取值集合不同。

例如，某些部门（即局部应用）以出生日期形式表示学生的年龄，而另一些部门（即局部应用）用整数形式表示学生的年龄。

• 属性取值单位冲突。

例如，同一产品的重量，有的以吨为单位，有的以千克为单位。

属性冲突的解决方法通常是通过讨论、协商等手段加以解决。

② **命名冲突**，也包括两类。

• 同名异义：不同意义的对象在不同的局部应用中具有相同的名字。

例如，局部应用 A 中将学院称为院系，局部应用 B 中将学院称为学院。

• 异名同义（一义多名）：同一意义的对象在不同的局部应用中具有不同的名字。

例如，有的部门把教科书称为课本，有的部门把教科书称为教材。

命名冲突解决方法与属性冲突类似，通过讨论协商解决。

③ **结构冲突**。

• 同一对象在不同应用中具有不同的抽象。

例如，"工资"在某一局部应用中被当作实体，在另一局部应用中则被当作属性。

解决方法：通常是把属性变换为实体或把实体变换为属性，使同一对象具有相同的抽象。

• 同一实体在不同局部视图中所包含的属性不完全相同，或者属性的排列次序不完全相同。

解决方法：使该实体的属性取各分 E-R 图中属性的并集，再适当设计属性的次序。

以上述"学生成绩管理系统"两个局部 E-R 图（图 5-10 和图 5-11）为例说明怎样消除各局部 E-R 图之间的冲突，进行局部 E-R 模型的合并，从而生成初步 E-R 图。

这两个局部 E-R 图中存在着命名冲突，学生选课局部 E-R 图中的实体"学院"与教师任课局部 E-R 图中的实体"院系"，都是指"学院"，即所谓的异名同义，合并后统一改为"学院"，属性统一为"名称"。

其次，还存在着结构冲突，实体"学院"和实体"课程"在两个不同应用中的属性组成不同，合并后这两个实体的属性组成为原来局部 E-R 图中的同名实体属性的并集。解决上述冲突后，合并两个局部 E-R 图，生成如图 5-12 所示的初步的全局 E-R 图。

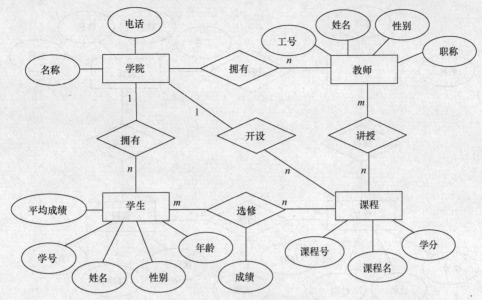

图 5-12 学生成绩管理初步 E-R 图

（2）修改与重构

这一步骤的的任务是消除消除不必要的冗余，设计生成基本 E-R 图，如图 5-13 所示。

图 5-13　生成全局 E-R 图的步骤

冗余：包括冗余数据和冗余联系。冗余的数据是指可由基本数据导出的数据，冗余的联系是指可由其他联系导出的联系。

冗余数据和冗余联系容易破坏数据库的完整性，给数据库维护增加困难。但并不是所有的冗余数据与冗余联系都必须加以消除，有时为了提高某些应用的效率，不得不以冗余信息作为代价。我们把消除了冗余的初步 E-R 图称为基本 E-R 图。

消除冗余的方法是以数据字典和数据流图为依据，根据数据字典中关于数据项之间逻辑关系的说明来消除数据的冗余。

如在图 5-12 所示的初步 E-R 图中，"课程"实体中的属性"工号"可由"讲授"这个教师与课程之间的联系导出，而学生的平均成绩可由"选修"联系中的属性"成绩"中计算出来，所以"课程"实体中的"教师号"与"学生"实体中的"平均成绩"均属于冗余数据。

"学院"和"课程"之间的联系"开设"，可以由"学院"和"教师"之间的"属于"联系与"教师"和"课程"之间的"讲授"联系推导出来，所以"开设"属于冗余联系。

这样，图 5-12 的初步 E-R 图在消除冗余数据和冗余联系后，便可得到基本的 E-R 模型，如图 5-14 所示。

最终得到的基本 E-R 模型是企业的概念模型，它代表了用户的数据要求，是沟通"要求"和"设计"的桥梁。它决定数据库的总体逻辑结构，是成功建立数据库的关键。

整体概念结构最终还应该提交给用户，征求用户和有关人员的意见，进行评审、修改和优化，然后把它确定下来，作为数据库的概念结构，作为进一步设计数据库的依据。

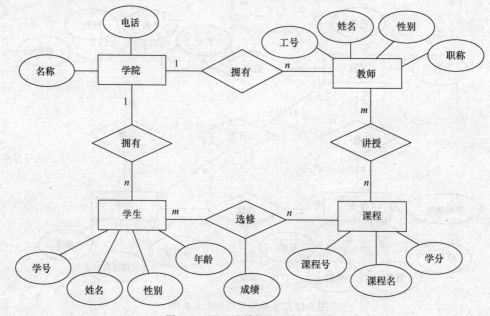

图 5-14　学生成绩管理基本 E-R 图

概念结构设计阶段应该形成的文档包括：局部概念结构描述、修改后的全局概念结构描述、修改后的数据字典。

5.4　逻辑结构设计

逻辑结构是独立于任何一种数据模型的，在实际应用中，一般所用的数据库环境已经给定（如SQL Server、Oracle 或 MySQL）。由于目前使用的数据库基本上都是关系数据库，因此首先需要将 E-R 图转换为关系模型，然后根据具体 DBMS 的特点和限制转换为特定的 DBMS 支持下的数据模型，最后进行优化。

逻辑结构设计的步骤如图 5-15 所示。

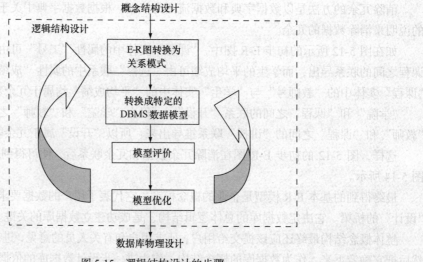

图 5-15　逻辑结构设计的步骤

（1）将概念结构转化为一般的关系、网状、层次模型。

（2）将转化来的关系、网状、层次模型向特定 DBMS 支持下的数据模型转换。

（3）对数据模型进行优化。

5.4.1　E–R 图转换为关系模式

E-R 图由实体、实体的属性和实体之间的联系三个要素组成，而关系模型的逻辑结构是一组关系模式的集合。因此将 E-R 图转换为关系模型，即将实体、实体的属性和实体之间的联系转化为关系模式。

在转换中遵循以下原则：

- 一个实体转换为一个关系模式，实体的属性就是关系的属性，实体的键就是关系的键。
- 一个联系转换为一个关系模式，与该联系相连的各实体的键以及联系的属性均转换为该关系的属性。

该关系的键有三种情况：

① 如果联系为 1∶1，则每个实体的键都是关系的候选键。

② 如果联系为 1∶n，则 n 端实体的键是关系的键。

③ 如果联系为 n∶m，则各实体键的组合是关系的键。

以图 5-14 所示的学生成绩管理基本 E-R 图为例具体介绍转换的步骤。

（1）把每一个实体转换为一个关系

首先分析各实体的属性，从中确定其主键，然后分别用关系模式表示。四个实体分别转换成四个关系模式：

- 学生（<u>学号</u>，姓名，性别，年龄）
- 课程（<u>课程号</u>，课程名）
- 教师（<u>教师号</u>，姓名，性别，职称）
- 系（<u>系名</u>，电话）

其中，有下划线者表示是主键。

（2）把每一个联系转换为关系模式

由联系转换得到的关系模式的属性集中，包含两个发生联系的实体中的主键以及联系本身的属性，其关系键的确定与联系的类型有关。

图 5-14 所示的学生成绩管理基本 E-R 图中，四个联系也分别转换成四个关系模式：

- 属于（<u>教师号</u>，系名）
- 讲授（<u>教师号</u>，<u>课程号</u>）
- 选修（<u>学号</u>，<u>课程号</u>，成绩）
- 拥有（系名，<u>学号</u>）

5.4.2　关系模式的优化

数据库逻辑设计的结果不是唯一的。得到初步数据模型后，还应该适当地修改、调整数据模型的结构，以进一步提高数据库应用系统的性能，这就是数据模型的优化。

关系数据模型的优化通常以规范化理论为指导。

（1）优化数据模型的方法

① 确定数据依赖。

② 对于各个关系模式之间的数据依赖进行极小化处理，消除冗余的联系。

③ 按照数据依赖的理论对关系模式逐一进行分析，考查是否存在部分函数依赖、传递函数依赖、多值依赖等，确定各关系模式分别属于第几范式。

④ 按照需求分析阶段得到的各种应用对数据处理的要求，分析对于这样的应用环境这些模式是否合适，确定是否要对它们进行合并或分解。

⑤ 按照需求分析阶段得到的各种应用对数据处理的要求，对关系模式进行必要的分解或合并，以提高数据操作的效率和存储空间的利用率。

（2）常用分解方法包括水平分解和垂直分解。

水平分解：把（基本）关系的元组分为若干子集合，定义每个子集合为一个子关系，以提高系统的效率。

一个大关系中，经常被使用的数据只是关系的一部分，约 20%，把经常使用的数据分解出来，形成一个子关系，可以减少查询的数据量。

另外，若并发事务经常存取不相交的数据如果关系 R 上具有 n 个事务，而且多数事务存取的数据不相交，则 R 可分解为少于或等于 n 个子关系，使每个事务存取的数据对应一个关系。

垂直分解：把关系模式 R 的属性分解为若干子集合，形成若干子关系模式。

垂直分解的原则是对经常在一起使用的属性从 R 中分解出来形成一个子关系模式。垂直分解必须不损失关系模式的语义（保持无损连接性和保持函数依赖）。

（3）逻辑结构设计完成后，应对形成的关系数据库模式进行评价，包括以下几方面。

- 功能评价：检查用户的每一项业务是否都能被关系模式支持。
- 性能评价：主要采用定性判断的方法衡量不同设计方案的优劣。
- 验证表是否支持用户事务的要求。
- 对表的约束。
- 非空约束（Not Null）。
- 唯一性约束（Unique）。
- 主码约束（PK）和外码约束（FK）。
- 域约束。
- 多表间的数据一致性。
- 参照完整性约束（由触发器实现）。

逻辑结构设计阶段的输出文档包括：数据库模式结构图（逻辑/物理）；数据库模式（建立数据库的 DDL 脚本文件）。

5.4.3 物理结构设计

数据库在物理设备上的存储结构与存取方法称为数据库的物理结构，它依赖于给定的计算机系统。为一个给定的逻辑数据模型选取一个最适合应用环境的物理结构的过程，就是数据库的物理设计。

这个阶段的工作主要由 DBMS 自动完成，允许用户选择和干预的有以下几方面：

- 存储介质：磁盘、磁带。
- 磁盘结构：单硬盘、磁盘阵列。
- 数据库数据文件的名字、存放位置、路径、大小、自动增长比例等。
- 记录的布局：聚簇（按某属性聚簇存放在连续的物理块中）。

- 存取方法：索引。

数据库物理设计的步骤如下。

① 确定数据库的物理结构。主要指存储方法和存储结构。

② 对物理结构进行评价，评价的重点是时间和空间效率。

1. 确定数据的存放位置

影响数据存放位置和存储结构的因素包括硬件环境、应用需求、存取时间、存储空间利用率、维护代价等，这几个方面常常是相互矛盾的，例如消除一切冗余数据虽能够节约存储空间和减少维护代价，但往往会导致检索代价的增加。因此进行设计时必须进行权衡，选择一个折中方案。

基本原则是根据应用情况区分易变部分与稳定部分以及存取频率较高部分与存取频率较低部分，并对其分开存放，以提高系统性能。

DBMS 也提供一定的灵活性来进行存储位置设定，包括聚簇和索引。

（1）聚簇（Cluster）

聚簇是为了提高查询效率，将在一个或一组属性上具有相同值的元组存放在同一个物理块中，如果存放不了则放在相邻的物理块中。使用聚簇后，可以节省存储空间，提高查询效率。

（2）索引

索引可以提高查询效率，但要以牺牲存储空间为代价，因此索引的确定可以根据具体情况来决定。

① 不宜建立索引的情况：

- 表太小时；
- 在经常更新的属性上；
- 在值很少的属性上（如性别）；
- 在过长的属性上；
- 特殊数据类型的属性（如大文本、多媒体文件）；
- 在很少出现在查询条件中的属性上。

② 应该建立索引的情况：

- 主码和外码属性（系统会在主码上自动建立索引）；
- 对以查询为主或只读的表；
- 对频繁出现在查询条件中的属性；
- 范围查询所涉及的属性；
- 作为聚集函数的变量的属性。

2. 确定系统配置

DBMS 产品一般都提供了一些存储分配参数，如同时使用数据库的用户数、同时打开的数据库对象数、使用的缓冲区长度、个数、数据库的大小等。系统会设置默认值，但不一定适合实际应用环境，因此在数据库物理设计时，应根据实际情况对这些配置参数重新赋值，以使系统性能最优。

在物理设计时对系统配置变量的调整只是初步的，在系统运行时还要根据系统实际运行情况做进一步的调整，以便能切实改进系统性能。

如在数据库系统实际应用中中经常要对数据大小和增长进行估计和监控，空间太小会导致磁盘碎片的产生，影响数据库性能。数据库管理员要定期监控数据的使用的大小的变化。

3. 物理结构设计评估

物理结构设计完成后，同样要对完成的数据库物理结构进行评估。评价内容主要是对数据库物理设计过程中产生的多种方案进行细致的评价，从中选择一个较优的方案作为数据库的物理结构。

评价方法是定量估算各种方案的存储空间存取时间、维护代价等进行估算。并对估算结果进行权衡、比较，选择出一个较优的合理的物理结构。如果该结构不符合用户需求，则需要修改设计。

5.5 数据库实施、运行和维护

数据库逻辑结构和物理结构设计完成后，需要根据其结果在计算机系统中建立实际的数据库结构，装入数据，进行测试和试运行。数据库试运行结果符合设计目标后，数据库就可以真正投入运行了。数据库投入运行标志着开发任务的基本完成和维护工作的开始。

5.5.1 数据库实施

数据库实施的工作包括：用 DDL 定义数据库结构、组织数据入库、编制与调试应用程序、数据库试运行。

1. 定义数据库结构

确定了数据库的逻辑结构与物理结构后，就可以用所选用的 DBMS 提供的数据定义语言（DDL）来严格描述数据库结构。定义对象包括表结构和视图。

2. 装载数据

数据库结构建立好后，就可以向数据库中装载数据了。组织数据入库是数据库实施阶段最主要的工作。

数据装载方法有人工方法和计算机辅助数据入库两种。

（1）人工方法：适用于小型系统，装载步骤如下。

① 筛选数据。需要装入数据库中的数据通常都分散在各个部门的数据文件或原始凭证中，所以首先必须把需要入库的数据筛选出来。

② 转换数据格式。筛选出来的需要入库的数据，其格式往往不符合数据库要求，还需要进行转换。这种转换有时可能很复杂。

③ 输入数据。将转换好的数据输入计算机中。

④ 校验数据。检查输入的数据是否有误。

（2）计算机辅助数据入库：适用于中大型系统，装载步骤如下。

① 筛选数据。

② 输入数据。由录入员将原始数据直接输入计算机中。数据输入子系统应提供输入界面。

③ 校验数据。数据输入子系统采用多种检验技术检查输入数据的正确性。

④ 转换数据。数据输入子系统根据数据库系统的要求，从录入的数据中抽取有用成分，对其进行分类，然后转换数据格式。抽取、分类和转换数据是数据输入子系统的主要工作，也是数据输入子系统的复杂性所在。

⑤ 综合数据。数据输入子系统对转换好的数据根据系统的要求进一步综合成最终数据。

如果数据库是在旧数据库系统的基础上设计的，则数据输入子系统只需要完成转换数据、综合数据两项工作，即可直接将旧系统中的数据转换成新系统中需要的数据格式。

3. 应用程序编码与调试

在数据库设计的同时，数据库应用程序的设计也要同步进行。

进入数据库实施阶段后，建立好实际的数据库结构，应开始编制与调试数据库的应用程序。调试应用程序时由于没有实际业务数据，可先使用模拟数据编写代码。

4. 数据库试运行

应用程序编写调试完成，而且基础数据入库后，就可以开始数据库的试运行。

数据库试运行也称为联合调试，其主要工作包括：

（1）功能测试：实际运行应用程序，执行对数据库的各种操作，测试应用程序的各种功能。

（2）性能测试：测量系统的性能指标，分析是否符合设计目标。

数据库试运行阶段要实际测量系统的各种性能指标（不仅是时间、空间指标），如果结果不符合设计目标，则需要返回物理设计阶段，调整物理结构，修改参数；有时甚至需要返回逻辑设计阶段，调整逻辑结构。

重新设计物理结构甚至逻辑结构后，会需要重新装载数据。由于数据入库工作量实在太大，所以可以采用分期输入数据的方法，先输入小批量数据供先期联合调试使用，待试运行基本合格后再输入大批量数据，逐步增加数据量，逐步完成运行评价。

在数据库试运行阶段，系统还不稳定，硬、软件故障随时都可能发生，系统的操作人员对新系统还不熟悉，误操作也不可避免。因此，除了要尽量减少对数据库的破坏，同时必须做好数据库的转储和恢复工作。

5.5.2 数据库运行和维护

数据库试运行结果符合设计目标，并通过内部评估，数据库就可以真正投入运行了。此时即进入数据库运行维护工作阶段。但由于应用环境和应用业务经常会发生变化，数据库运行过程中物理存储也会不断变化。所以对数据库设计进行评价、调整、修改等维护工作是一个长期的任务，也是设计工作的继续和提高。

在数据库运行维护阶段，对数据库经常性的维护工作主要是由数据库管理员（DBA）完成的，包括以下几方面。

（1）数据库的转储和恢复。

（2）数据库的安全性、完整性控制。

（3）数据库性能的监督、分析和改进。

（4）数据库的重组织和重构造。

1. 数据库的转储和恢复

为了确保硬件故障或系统故障发生时，能够及时恢复数据，DBA 要针对不同的应用要求制订相应的数据转储计划，并定时对数据文件和日志文件进行备份。在系统发生故障后使用备份数据将数据库恢复到先前的状态，并能保证数据一致性。

2. 数据库的安全性、完整性控制

数据库是共享资源，可以多个用户访问。但不同的用户对数据库中的数据访问权限不一样，为了保证数据库不会遭到破坏或越权访问，DBA 要根据实际情况设定相应的用户访问权限和密码机制，以保证数据库的安全性，并在实际运行过程中进行修改和调整。

应用环境的变化也可能造成数据库完整性约束条件的变化，此时 DBA 也要修改数据库完整性规则，以适应变化的业务要求。

3. 数据库性能的监督、分析和改进

在数据库系统运行过程中，DBA 要一直进行数据库系统性能参数的监测，以保证系统正常运行。在主流 DBMS 产品中都提供了数据库系统性能监测工具，DBA 可以使用这些工具来进行数据库存储空间、响应时间等关键性能参数进行监测，如果发现问题或者业务变化产生新的性能要求，DBA 应该采取相应的改进措施对现有性能进行提升或扩充。

4. 数据库的重组织和重构造

数据库运行一段时间后，由于记录的不断增、删、改，会使数据库的物理存储变坏，从而降低数据库存储空间的利用率和数据的存取效率，使数据库的性能下降。此时需要进行数据库的重组织。

重组织的形式包括：全部重组织或部分重组织，即只对频繁增、删的表进行重组织。重组织需要做的工作是按原设计要求重新安排存储位置和回收垃圾。但数据库的重组织应保证不会改变原设计的数据库逻辑结构和物理结构。

另外，如果数据库应用环境发生变化，导致实体及实体间的联系也发生相应的变化，使原有的数据库设计不能很好地满足新的需求，此时需要进行数据库的重构造。

数据库重构造可能需要根据新环境调整数据库的模式和内模式，如增加新的数据项、改变数据项的类型、增加或删除索引、修改完整性约束条件等。

数据库运行维护阶段，数据库总会根据应用变化做一些小的重组织和重构造。但若应用变化太大，已无法通过重构数据库来满足新的需求，或重构数据库的代价太大，则表明现有数据库应用系统的生命周期已经结束，应该重新设计新的数据库系统，开始新数据库应用系统的生命周期。

小　结

本章介绍了数据库设计的全部过程，数据库的设计包括需求分析、结构设计和物理设计。结构设计又分为概念结构设计、逻辑结构设计、物理结构设计。概念结构设计是用概念模型来描述用户的业务需求；逻辑设计是将概念设计的结果转换数据的组织模型；物理结构设计是设计数据的存储方式和存储结构。

数据库设计完成后，是数据库的实施和维护。

习　题

一、单项选择题

1. 如何构造出一个合适的数据逻辑结构是（　　）主要解决的问题。

（A）物理结构设计 　　　　　　　　（B）数据字典

（C）逻辑结构设计 　　　　　　　　（D）关系数据库查询

2. 数据库技术中，独立于计算机系统的模型是（　　　）

　　（A）E/R 模型　　　　　　　　　　　　（B）层次模型

　　（C）关系模型　　　　　　　　　　　　（D）面向对象的模型

3. 概念结构设计是整个数据库设计的关键，它通过对用户需求进行综合、归纳与抽象，形成一个独立于具体 DBMS 的（　　　）。

　　（A）数据模型　　　　（B）概念模型　　　　（C）层次模型　　　　（D）关系模型

4. 一个学生可以同时借阅多本书，一本书只能由一个学生借阅，学生和图书之间为（　　　）联系。

　　（A）一对一　　　　（B）一对多　　　　（C）多对多　　　　　（D）多对一

5. 下面关于数据库概念设计数据模型的说法中错误的有（　　　）。

　　（A）可以方便地表示各种类型的数据及其相互关系和约束

　　（B）针对计算机专业人员

　　（C）组成模型定义严格，无多义性

　　（D）具有使用图形表示概念模型

6. 数据库设计中，确定数据库存储结构，即确定关系、索引、聚簇、日志、备份等数据的存储安排和存储结构，这是数据库设计的（　　　）。

　　（A）需求分析阶段　　（B）逻辑设计阶段　　（C）概念设计阶段　　（D）物理设计阶段

7. 数据库设计可划分为六个阶段，每个阶段都有自己的设计内容，"为哪些关系，在哪些属性上建什么样的索引"这一设计内容应该属于（　　　）设计阶段。

　　（A）概念设计　　　　（B）逻辑设计　　　　（C）物理设计　　　　（D）全局设计

8. 在关系数据库设计中，设计关系模式是数据库设计中（　　　）阶段的任务。

　　（A）逻辑设计阶段　　（B）概念设计阶段　　（C）物理设计阶段　　（D）需求分析阶段

9. 在关系数据库设计中，对关系进行规范化处理，使关系达到一定的范式，例如达到 3NF，这是（　　　）阶段的任务。

　　（A）需求分析阶段　　（B）概念设计阶段　　（C）物理设计阶段　　（D）逻辑设计阶段

10. 概念模型是现实世界的第一层抽象，这一类最著名的模型是（　　　）。

　　（A）层次模型　　　　（B）关系模型　　　　（C）网状模型　　　　（D）实体-关系模型

11. 关系数据库的规范化理论主要解决的问题是（　　　）。

　　（A）如何构造合适的数据逻辑结构　　　　（B）如何构造合适的数据物理结构

　　（C）如何构造合适的应用程序界面　　　　（D）如何控制不同用户的数据操作权限

12. 数据库物理设计完成后，进入数据库实施阶段，下述工作中，（　　　）一般不属于实施阶段的工作。

　　（A）建立库结构　　　（B）系统调试　　　（C）加载数据　　　　（D）扩充功能

13. 从 ER 图导出关系模型时，如果实体间的联系是 M：N 的，下列说法中正确的是（　　　）。

　　（A）将 N 方码和联系的属性纳入 M 方的属性中

　　（B）将 M 方码和联系的属性纳入 N 方的属性中

　　（C）增加一个关系表示联系，其中纳入 M 方和 N 方的码

　　（D）在 M 方属性和 N 方属性中均增加一个表示级别的属性

二、思考与设计题

1. 数据库设计包括哪些阶段？各阶段的主要任务是什么？生成的文档有哪些？

2. 需求分析包含哪些内容？

3. 什么是数据流图？它的作用是什么？

4. 什么是数据字典？它包括哪些内容？它的作用是什么？

5. 什么是数据库概念结构？试述概念结构设计的步骤。

6. 用 E-R 图表示概念模式有什么好处？

7. 试述逻辑设计的步骤及把 E-R 图转换为关系模式的转换原则，并举例说明。

8. 简述数据库实施阶段的工作特点。

9. 设计一个图书馆数据库，此数据库中对每个借阅者保存读者记录，包括：读者号，姓名，地址，性别，年龄，单位。对每本书存有：书号，书名，作者，出版社，对每本被借出的书存有：读者号、借出日期和应还日期。要求：给出 E-R 图，再将其转换为关系模型。

10. 假定要设计一个你们班级的学生数据库系统，请为该系统进行数据库设计，要求给出各设计阶段的文档。

第6章
SQL Server 高级主题

前面章节已经介绍了关系数据库原理、SQL Server 2012 数据库管理、标准 SQL 语言等数据库基础知识，本章将向读者介绍数据库技术的其他重要主题，包括：Transact-SQL 程序设计、SQL Server 2012 常用系统函数、存储过程与触发器、数据库安全性、数据库完整性、事务与锁等。

6.1　Transact–SQL 语言基础

SQL Server 在支持标准 SQL 语言的同时，对其进行了扩充，引入了 T-SQL，即 Transact-SQL。T-SQL 是使用 SQL Server 2012 的核心，通过它可以定义变量、使用流控制语句、自定义函数、自定义存储过程等，极大地扩展了 SQL Server 的功能。

6.1.1　基本概念

1. 标识符

标识符：数据库对象的名称即为其标识符。

SQL Server 中的标识符可以分为以下两种类型。

（1）常规标识符

符合标识符的格式规则。在 Transact-SQL 语句中使用常规标识符时不用将其分隔开。

常规标识符规则：

第一个字符必须是下列字符之一：

英文字母 a~z 和 A~Z，以及来自其他语言的字母字符；

下划线(_)、符号(@)或者数字符号(#)。

后续字符可以包括：

英文字母 a~z 和 A~Z，以及来自其他语言的字母字符；

十进制数字；

符号(@)、美元符号($)、数字符号(#)或下划线(_)。

标识符不能是 Transact-SQL 保留字。

不允许嵌入空格或其他特殊字符。

（2）分隔标识符

包含在双引号(" ")或者方括号([ ])内的标识符。在 Transact-SQL 语句中，必须对所有不符合标识符规则的标识符进行分隔。

2．批处理

批处理是包含一个或多个 Transact-SQL 语句的组，从应用程序一次性地发送到 SQL Server 2012 进行执行。SQL Server 将批处理的语句编译为一个可执行单元，称为执行计划。执行计划中的语句每次执行一条。

Transact-SQL 程序内两个"go"之间的代码称为一个"批"。SQL Server 对 Transact-SQL 程序的编译和执行是按"批"为单位来进行。如例 6.1 所示。

【例 6.1】从日期中减去天数。

```
USE Master
go
declare @date1 datetime
SET @date1 = Convert(DATETIME, '01/10/1900 3: 00 AM, 101)
Select @date1-1.5  as  '减去的日期'
go
```

3．常量和变量

① **常量**：也称为文字值或标量值，是在程序运行过程中值保持不变的量，它是表示一个特定数据值的符号。以下为 Transact-SQL 中的常量。

- 字符串常量 如'SZK'
- Unicode 字符串 如 'sqlserver'
- 二进制常量 如 01001
- datetime 常量 如 '2014-12-25'， '14: 30: 11'
- integer 常量 如 999
- decimal 常量 如 123.45
- float 和 real 常量 如 1.2E20
- money 常量 如 $5200.50

② **变量**：变量是指在程序运行过程中值可以改变的量。

Transact-SQL 当中有两种类型的变量：局部变量和系统全局变量。

- 局部变量

局部变量是用户定义的变量，它用 DECLARE 语句声明，用户可以与定义它的 DECLARE 语句的同一个批中用 SET 语句为其赋值。

声明局部变量的语法如下：

```
DECLARE @variable_name datatype
        [, @variable_name datatype]…
```

其中，@variable_name 是局部变量的名字，必须以@开头。Datatype 是为该局部变量指定的数据类型。

声明局部变量后，可以使用 SET 或 SELECT 语句对其进行赋值。

例：

```
    DECLARE @Homepage char(100)
     SET @Homepage='http: //hnu.edu.cn'
```

- 全局变量

全局变量是 SQL Server 系统提供并赋值的变量。通常将全局变量的值赋给局部变量，以便保存和处理。全局变量的名字以@@开头。

如 @@ERROR 全局变量，其含义是最新的 T-SQL 错误号。

6.1.2　流控制语句

Transact-SQL 提供称为控制流语言的特殊关键字，用于控制 Transact-SQL 语句、语句块和存储过程的执行流。这些关键字可用于临时 Transact-SQL 语句、批处理和存储过程中。

1. BEGIN...END 块语句

包括一系列的 Transact-SQL 语句，从而可以执行一组 Transact-SQL 语句。

语法格式如下：

```
BEGIN
    {
    sql_statement | statement_block
    }
END
```

语法说明：

① BEGIN...END 为关键字，它允许嵌套。

② { sql_statement | statement_block }项，使用语句块定义的任何有效的 Transact-SQL 语句或语句组。

2. IF...ELSE 条件语句

指定 Transact-SQL 语句的执行条件。

语法格式如下：

```
IF Boolean_expression
{ sql_statement | statement_block }
[ ELSE
{ sql_statement | statement_block } ]
```

语法说明：

① Boolean_expression，返回 TRUE 或 FALSE 的表达式。

② { sql_statement | statement_block }，任何 Transact-SQL 语句或语句块。

③ 在 IF 和 ELSE 下，允许嵌套另一个 IF 语句。

【例 6.2】从学生表 STUDENT 当中读取学号为 001 的学生信息，如果存在，则输出"学号为 001 的学生存在"，否则输出"学号为 001 的学生不存在"。

```
USE 学生成绩管理
GO
DECLARE @msg  VARCHAR(100)   /*定义变量 msg*/
IF  EXISTS(SELECT  *  FROM  STUDENT  WHERE  SNO='001')
   SET   @msg='学号为 001 的学生存在'
ELSE
   SET   @msg='学号为 001 的学生不存在'
PRINT @msg
GO
```

3. WHILE 循环语句

设置重复执行 SQL 语句或语句块的条件。

语法格式如下：

```
WHILE Boolean_expression
{ sql_statement | statement_block }
[ BREAK]
{ sql_statement | statement_block }
```

```
    [CONTINUE]
{ sql_statement | statement_block }
```

语法说明:

① Boolean_expression, 返回 TRUE 或 FALSE 的表达式。

② { sql_statement | statement_block } , 任何 Transact-SQL 语句或语句块。

③ BREAK 退出最内层的 WHILE 循环。

④ CONTINUE 重新开始下一次 WHILE 循环, 在 CONTINUE 关键字之后的语句都不会被执行。

【例 6.3】计算 1~100 之间的和。

```
DECLARE @i  INT, @S INT
SET @i=1
SET @s=0
WHILE (@i<=100)
 BEGIN
    SET @s=@s+@i
    SET @i=@i+1
 END
PRINT @S
```

4. CASE 分支语句

CASE 表达式可以根据多个选择确定执行的内容, 具有以下两种格式。

(1) 简单表达式, 将某个表达式与一组简单表达式进行比较以确定结果。

语法格式如下:

```
CASE input_expression
     WHEN when_expression THEN result_expression
[ ...n ]
[ ELSE else_result_expression ]
END
```

语法说明:

① input_expression 为用于做条件判断的表达式。

② when_expression 用于与 input_expression 比较, 当与 input_expression 的值相等时执行后面的 result_expression 语句。

③ 当没有一个 when_expression 与 input_expression 的值相等时执行 else_result_expression 语句。

(2) 选择表达式, 计算一组布尔表达式以确定结果。

语法格式如下:

```
CASE
     WHEN Boolean_expression THEN result_expression
[...n]
     [ELSE else_result_expression ]
END
```

语法说明:

① Boolean_expression 是布尔表达式, 如果值为 TRUE, 则执行它之后的 result_expression 语句。

② 如果没有一个 Boolean_expression 的值为 TRUE, 则执行 else_result_expression 语句。

CASE 语句可以嵌套在 SELECT 语句中, 用于对数据进行分类。

【例 6.4】从成绩表 score 查询成绩信息，小于 60 分为不及格，60～80 分为中，80～100 分为优良。

```
SELECT 课程号，学号，成绩=
  CASE
    WHEN  成绩<60  THEN  '不及格'
    WHEN  成绩>=60  AND 成绩<80  THEN  '中'
    WHEN  成绩>=80  THEN  '优良'
  END
 FROM SCORE
```

5. WAITFOR 延迟语句

WAITFOR 语句可以将它之后的语句在一个指定的时间间隔之后执行，或在未来的某一指定时间执行。

语法格式如下：

```
WAITFOR
{
DELAY  time | TIME time
 [, TIME OUT  timeout]
   }
```

语法说明：

① DELAY 指定等待的时间长度，最大为 24 小时。

② TIME 指定等待结束的时间点。

③ 指定消息达到队列前等待的时间。

【例 6.5】指定在两小时后执行存储过程 MY_JOB。

```
BEGIN
  WAIT FOR  DELAY  '02: 00'
  EXECUTE MY_JOB
END
GO
```

6. GOTO 跳转语句

GOTO 语句将一个批的执行转到另一个有标号的语句。跳过 GOTO 后面的 Transact-SQL 语句，并从标号位置继续处理。

语法：

```
GOTO  标识符
```

7. RETURN 返回语句

从查询或过程中无条件退出。用 RETURN 语句可以在任何时候从过程、批处理或语句块中退出，不再执行 RETURN 后的语句。

语法格式如下：

```
RETURN [ integer_expression ]
```

语法说明：

integer_expression 为返回的整数值。如果没有指定 integer_expression，系统将返回一个内定值。

8. TRY...CATCH 错误处理语句

TRY...CATCH 用于捕捉程序中的错误并进行相应处理。如果 TRY 块内部发生错误，则程序控制转到 CATCH 块中的语句块。

语法格式如下：

```
BEGIN TRY
{ sql_statement | statement_block }
END TRY
 [, TIME OUT]
BEGIN CATCH
{ sql_statement | statement_block }
 END CATCH
```

语法说明：

{ sql_statement | statement_block } ，任何 Transact-SQL 语句或语句块。

【例 6.6】处理零除错误的 SELECT 语句，执行后返回错误的行号。

```
USE  学生成绩管理
GO
 BEGIN TRY
   SELECT DISTINCT  班级  FROM  STUDENT
   SELECT  50/0   AS  '结果'
END  TRY
  BEGIN CATCH
    SELECT ERROR_LINE()  AS '错误行号'
  END CATCH
```

6.1.3 其他 T-SQL 命令

1. DECLARE

DECLARE 命令用于声明一个或多个局部变量、游标变量或表变量。

语法格式如下：

```
DECLARE
 {
  {@ local_variable datatype}
|{ @cursor_varialbe_name  CURSOR}
 | { table_type_definition}
 }
```

语法说明：

① @ local_variable 要声明的局部变量名。

② datatype 局部变量数据类型。

③ @cursor_varialbe_name 要声明的游标名。

如：

```
DELCARE  @a  int , @b  char(10)
```

2. EXECUTE 命令

EXECUTE 语句用于执行系统存储过程、用户存储过程。

语法格式如下：

```
EXECUTE
 {
  [@return_status=]
{ procedure_name [;number] | @procedure_name_var
 }
  @parameter =[{ value |@variable [OUTPUT] | [DEFAULT]}][, ...N]
  [WITH RECOMPILE]
```

语法说明：

① @return_status 是一个可选的整型变量，用来存储存储过程的返回状态。

② procedure_name 要调用的存储过程的名称。

例如在"学生成绩管理"数据库中，若已有一自定义存储过程 MY_PROCEDURE。则调用语句：

```
USE 学生成绩管理
GO
EXECUTE  MY_PROCEDURE
```

3. PRINT 命令

向客户端返回用户定义消息，即显示字符串、局部变量或全局变量。

语法格式如下：

```
PRINT msg_str | @local_variable | string_expr
```

语法说明：

① msg_str：字符串或 Unicode 字符串常量。

② @local_variable：任何有效的字符数据类型的变量。

③ string_expr：返回字符串的表达式。

4. SELECT 命令

SELECT 命令用于给局部变量赋值。语法格式如下：

```
SELECT {@local_variable_name=expression} [, ...n]
```

语法说明：

① @local_variable_name：局部变量名称。

② expression：有效的 T-SQL 表达式或列名。当 expression 为列名时 SELECT 命令可以返回多个值。

5. SET 命令

同样用于给局部变量赋值，不过与 SELECT 命令不同的是 SET 命令只能给一个变量赋值，且不能返回列值。SQL Server 推荐用 SET 命令给变量赋值。

语法：

```
SET {@local_variable_name=expression}
```

6.2　常用函数

SQL Server 2012 为 Transact-SQL 语言提供了大量的系统函数，使用户能更方便地对数据库进行查询和修改。同时还允许用户使用自定义函数。本节介绍常用的数学函数、字符串函数、日期时间函数、转换函数，并介绍如何自定义函数。

6.2.1　数学函数

数学函数用来对数值型数据进行数学运算。能处理的数据类型包括整形、浮点型、实型、货币型。可以在 SELECT 语句的 SELECT 子句和 WHERE 子句中使用数学函数。Transact-SQL 中的数学函数如表 6-1 所示。

表 6-1   Transact-SQL 数学函数

函数		描述
三角函数	SIN	返回以弧度单位表示的角正弦
	COS	返回以弧度单位表示的角余弦
	TAN	返回以弧度单位表示的角正切
	CON	返回以弧度单位表示的角余切
反三角函数	ASIN	返回对应正弦值的弧度单位角
	ACOS	返回对应余弦值的弧度单位角
	ATAN	返回对应正切值的弧度单位角
幂函数	EXP	返回指定 float 表达式的指数值
	POWER	返回指定表达式的指定幂值
	LOG	返回指定 float 表达式的自然对数值
	LOG10	返回指定 float 表达式的常用对数值
取整函数	CEILING	返回大于等于指定表达式的最小整数
	FLOOR	返回小于等于指定表达式的最大整数
	ROUND	取整数，小数第一位四舍五入
其他函数	ABS	返回指定 float 表达式的绝对值
	SIGN	返回指定表达式的正、负、零，分别返回 1、−1、0
	PI	返回 3.1415926535897932
	RAND	返回介于 0 和 1 之间的随机小数

6.2.2 字符串函数

字符串函数用于对字符串进行连接、截取等操作，并返回字符串或数值。

1. ASCII 函数

ASCII 函数返回字符串表达式最左侧字符的 ASCII 码。语法如下：

```
ASCII ( character_expression )
```

如：ASCII('apple')返回 97。

2. CHAR 函数

CHAR 函数返回整数表达式 ASCII 码所对应的字符。语法如下：

```
CHAR ( integer_expression )
```

如：CHAR(97)返回 a。

3. LEN 函数

LEN 函数返回字符串表达式的长度即字符数，不包括尾部空格。语法如下：

```
LEN ( character_expression )
```

如：LEN('hello')返回 5。

4. LOWER 函数

LOWER 函数将字符串表达式中的大写字母转换为小写字母并返回字符串。语法如下：

```
LOWER ( character_expression )
```

如：LOWER('HELLO123')返回'hello123'。

5. UPPER 函数

UPPER 函数将字符串表达式中的小写字母转换为大写字母并返回字符串。语法如下：

```
UPPER ( character_expression )
```

如：UPPER('aPPle')返回'APPLE'。

6. LTRIM 函数

LTRIM 函数返回去掉字符串表达式左侧空格后的字符串。语法如下：

```
LTRIM ( character_expression )
```

7. RTRIM 函数

RTRIM 函数返回去掉字符串表达式右侧空格后的字符串。语法如下：

```
RTRIM ( character_expression )
```

8. LEFT 函数

LEFT 函数返回字符串表达式从左侧开始指定个数字符。语法如下：

```
LEFT ( character_expression, integer_express )
```

说明：integer_express 指定从最左边开始的字符个数。

如：LEFT('abcedf'，3)返回'abc'。

9. RIGHT 函数

RIGHT 函数返回字符串表达式从右侧开始指定个数字符。语法如下：

```
RIGHT ( character_expression, integer_express )
```

说明：integer_express 指定从最右边开始的字符个数。

如：RIGHT('student'，4)返回'dent'。

10. SUBSTRING 函数

SUBSTRING 函数返回字符串表达式子串。语法如下：

```
SUBSTRING ( character_expression, integer_express1, integer_express2 )
```

说明：integer_express1 指定从左侧开始的位置，integer_express2 指定子串的长度。注意汉字占两个字符。

如：SUBSTRING ('湖南大学欢迎您'，9，4)返回'欢迎'。

11. STR 函数

STR 函数将数值表达式转换为字符串表达式。语法如下：

```
STR ( float_expression[, length[, <decimal>]] )
```

说明：length 指定返回字符串的长度，decimal 指定返回的小数位数。截掉部分小数四舍五入。

如：STR（123.456，5，2)返回'123.46'。

12. REPLACE 函数

REPLACE 函数返回以另一个字符表达式替换目标字符串表达式的子串后的目标字符表达式。语法如下：

```
REPLACE(string1, string2, string3 )
```

说明：REPLACE 函数返回在 string1 中以 sring3 替换 string2 后的字符串。

如：REPLACE('good morning student'，'student'，'teacher')返回'good morning teacher'。

13. REPLICATE 函数

REPLICATE 函数返回以指定次数重复的字符串表达式。语法如下：

```
REPLICATE(character_expression, integer_express )
```

说明：返回重复 integer_express 次 character_expression 的字符串。

如：REPLICATE ('good '，2)返回'goodgood'。

14. REVERSE 函数

REVERSE 函数将指定字符串表达式倒过来排列。语法如下：

```
REVERSE (character_expression)
```

如：REVERSE ('ABCD')返回'DCBA'。

15. SPACE 函数

SPACE 函数返回指定个数空格构成的字符串。语法如下：

```
SPACE(integer_expression)
```

16. STUFF 函数

STUFF 函数用另一个字符串替换目标字符串中指定位置长度的子串。语法如下：

```
STUFF(string1, position, length, string2)
```

说明：STUFF 函数返回在 string1 中以 sring2 替换从 position 开始长度为 length 的子串后的字符串。

如：STUFF ('good morning student'，6，7，'night')返回'good night student'。

6.2.3 日期和时间函数

日期函数对日期和时间输入值执行操作，并返回一个字符串、数字值或日期和时间值。

在 SQL Server 2012 中提供了 9 个日期和时间函数，函数中使用的日期或时间参数 datepart 的含义见表 6-2。

表 6-2   datepart 参数

datepart		含义
年	yy 或 yyyy	年份
月	m 或 mm	月份
日	d 或 dd	日
	d 或 dy	一年中第几日
周	wk 或 ww	一年中的第几周
	dw	一周中的第几天
时	hh	时
分	mi 或 n	分
秒	ss 或 s	秒

常用时间函数如下。

1. GETDATE 函数

GETDATE 函数返回以缺省格式表示的系统当前日期时间。语法如下：

```
GETDATE()
```

2. DAY 函数

DAY 函数返回指定日期表达式的日期值，返回类型为整数。语法如下：

```
DAY(datetime_expression)
```

如：DAY('2014-12-26')返回 26。

3. MOHTH 函数

MONTH 函数返回指定日期表达式的月份值，返回类型为整数。语法如下：

```
MONTH(datetime_expression)
```

如：MONTH('2014-12-26')返回 12。

4. YEAR 函数

YEAR 函数返回指定日期表达式的年份值，返回类型为整数。语法如下：

```
YEAR(datetime_expression)
```

如：YEAR('2014-12-26')返回 2014。

5. DATEADD 函数

DATEADD 函数返回指定日期加上指定单位日期长度后的新日期值，返回类型为 datetime 类型。语法如下：

```
DATEADD (datepart, integer_expression, datetime_expression)
```

说明：①datepart 为表 6-2 所示的日期单位。

② integer_expression 为要加上的日期单位值。

如：DATEADD(dd，10，'2014-01-01')返回 2014-01-11。

　　DATEADD(mm，1，'2014-01-01')返回 2014-02-01。

6. DATEDIFF 函数

DATEDIFF 函数返回两个指定日期的指定 datepart 差，返回类型为 INT。语法如下：

```
DATEDIFF (datepart, datetime_expression1, datetime_expression2)
```

说明：返回值为 datetime_expression2 按 datepart 单位减去 datetime_expression1 的差值。

如：DATEDIFF(dd, '2014-02-01', '2014-01-01')返回 31。

7. DATEPART 函数

DATEPART 函数返回指定日期的指定 datepart，返回类型为 INT。语法格式如下：

```
DATEPART(datepart, datetime_expression)
```

如：DATEPART(dd, '2014-02-01')返回 1。

6.2.4　数据类型转换函数

通过数据类型转换函数可以转换数据的数据类型。默认情况下 SQL Server 会对一些表达式进行自动转换，例如，比较 CHAR 和 DATETIME 表达式、SMALL INT 和 INT 表达式这种转换称为隐式转换。但在其他不能进行隐式转换的情况下则需要使用类型转换函数将某种数据类型的表达式转换为另一种数据类型，这种转换称为显式转换。

1. CAST 函数

语法格式如下：

```
CAST(<expression> AS <data_type>[length])
```

2. CONVERT 函数

语法格式如下：

```
CONVERT(<data_type>[, length], <expression> AS [, style])
```

说明：date_type 为 SQL Server 数据类型，length 指定数据长度，缺省值为 30。CONVERT 函数的 style 选项能以不同格式显示日期和时间。

如：CAST('2014' AS INT)将字符串 '2014' 转换为整数 2014。

CONVERT(CHAR(10)，GETDATE()) 将当期日期转换为 10 位定长字符串。

6.2.5　用户自定义函数

在 SQL Server 2012 中，除了使用上述系统函数外，还允许用户自定义函数。用户自定义函数是接受参数、执行操作（例如复杂计算）并将操作结果以值的形式返回的子程序，返回值可以是单个标量值或结果集。用户自定义函数将作为 SQL Server 的一个数据库对象。

SQL Server 2012 可以使用 CREATE FUNCTION 语句或使用 SQL Server management studio 来交互式创建用户自定义函数。

6.3　存储过程与触发器

存储过程和触发器是两个重要的数据库对象，使用存储过程，可以将 Transact-SQL 语句和控制流语句编译成集合保存到服务器端，以提高访问数据的速度和效率，并提供良好的安全机制。而触发器是一种特殊类型的存储过程，它与表紧密结合，主要用来实现复杂的业务规则，以便更有效地实施数据完整性。

6.3.1　存储过程的概念、优点和类型

1. 存储过程的概念

存储过程（Stored Procedure）是一组事先编译好的 Transact-SQL 代码。存储过程作为一个独立的数据库对象，可以作为一个单元被用户的应用程序调用。用户可以通过指定存储过程的名字并给出参数（如果该存储过程带有参数）来执行存储过程。由于存储过程是已经编译好的代码，所以执行的时候不必再次进行编译，从而提高了程序的运行效率。

SQL Server 的存储过程类似于其他编程语言里的过程（Procedure），具体体现在以下几点。

（1）存储过程可以接收参数，并以输出参数的形式返回多个参数给调用存储过程的过程或批处理。

（2）存储过程也可以容纳存储过程，可以在对数据库进行查询、修改的编程语句中调用其他的存储过程。

（3）可以返回执行存储过程的状态值以反映存储过程的执行情况。

2. 存储过程的优点

（1）执行速度快。存储过程在创建时就经过了语法检查和性能优化，因此在执行时不必再重复这些步骤。存储过程在经过第一次调用之后，就驻留在内存中，不必再经过编译和优化，所以执行速度快。在有大量批处理的 Transact-SQL 语句要重复执行的时候，使用存储过程可以极大地提高运行效率。

（2）模块化的程序设计。存储过程经过了一次创建以后，可以被调用无数次。用户可以独立于应用程序而对存储过程进行修改。可以按照独特的功能模式设计不同的存储过程以供使用。

（3）减少网络通信量。存储过程中可以包含大量的 Transact-SQL 语句，但存储过程作为一个独立的单元来使用。在进行调用时，只需要使用一个语句就可以实现，所以大大减少了网络上数据的传输。

（4）保证系统的安全性。可以设置用户通过存储过程对某些关键数据进行访问，但不允许用户直接使用 T-SQL 或企业管理器对数据进行访问。

3. 存储过程的类型

SQL Server 2012 具有 3 种可用的存储过程。

（1）系统存储过程

在 SQL Server 2012 中，许多管理活动和信息活动都是通过一种特殊的存储过程执行的，这种存储过程称为系统存储过程。系统存储过程主要存储在 master 数据库中并以 sp_ 为前缀。

系统存储过程主要是从系统表中获取信息，从而为数据库系统管理员管理 SQL Server 提供支持。

（2）用户自定义存储过程

用户自定义存储过程是由用户创建并能完成某一特定功能（如查询用户所需数据信息）的存储过程。本节后述的存储过程主要指用户自定义存储过程。

（3）扩展存储过程

扩展存储过程以在 SQL Server 环境外执行的动态链接库（DLL）来实现。扩展存储过程通过前缀 "xp_" 来标识。

6.3.2　系统存储过程

SQL Server 2012 中，许多数据库的管理工作可以使用系统存储过程来完成。系统存储过程存放在 master 数据库中，但打开其他数据库时也可以调用这些系统存储过程而不用加上数据库名前缀。SQL Server 2012 系统存储过程类别如表 6-3 所示。

表 6-3　　　　　　　　　　　　　　　系统存储过程分类

类型	描述
活动目录存储过程	用于在 Windows 的活动目录中注册 SQL Server 实例和 SQL Server 数据库
目录访问存储过程	用于实现 ODBC 数据字典功能，并且隔离 ODBC 应用程序，使其不受基础系统表更改的影响
游标存储过程	用于实现游标变量功能
数据库引擎存储过程	用于 SQL Server 数据库引擎的常规维护
数据库邮件和 SQL Mail 存储过程	用于在 SQL Server 实例内执行电子邮件操作
数据库维护计划存储过程	用于设置数据库性能所需的核心维护任务
分布式查询存储过程	用于实现和管理分布式查询
全文搜索存储过程	用于实现和查询全文搜索
日志传送存储过程	用于配置、修改和监视日志传送配置
自动化存储过程	用于在 Transact-SQL 批处理中使用 OLE 自动化对象
通知服务存储过程	用于管理 SQL Server 2012 系统通知服务
复制存储过程	用于管理复制操作
安全性存储过程	用于管理安全性
SQL Server 代理存储过程	由 SQL Server 代理用于管理计划的活动和事件驱动活动
Web 任务存储过程	用于创建网页
XML 存储过程	用于 XML 文本管理

下面是一些常用系统存储过程的使用示例。

（1）sp_help 存储过程

sp_help 存储过程是 SQL Server 2012 数据库学习者最常使用的存储过程，通过它可以获取有关数据库对象、数据类型等信息。

【例 6.7】使用 sp_help 存储过程查看学生表的结构。

```
USE 学生成绩管理
GO
exec sp_help 'student'
GO
```

说明：exec sp_help 后加上数据库对象名称

（2）sp_rename、sp_renamedb 存储过程

sp_rename 存储过程用于在当前数据库中更改用户创建的对象名称，对象可以是表、索引、列等。sp_renamedb 用于更改数据库名称。

【例 6.8】使用 sp_rename 存储过程将成绩表的"成绩"列改为"分数"。

```
USE 学生成绩管理
GO
exec sp_rename 'score.成绩', '分数', 'COLUMN'
GO
```

说明："score.成绩"为要更改的数据库名称；"分数"为新的名称，"COLUMN"指定数据对象的类型。

6.3.3　创建用户自定义存储过程

在 SQL Server 2012 中可以使用两种方式创建用户自定义存储过程，一种是通过 T-SQL 语句 CREATE PROCEDURE 创建；另一种方式是通过管理工具 SQL Server Management Studio 来交互式创建存储过程。

1. TRANSCAT-SQL 创建存储过程

创建存储过程的完整语法如下：

```
CREATE { PROC | PROCEDURE } [schema_name.] procedure_name
[ { @parameter [ type_schema_name. ] data_type }
[ VARYING ] [ = default ] [ OUTPUT ] ] [ , ...n ]
[ WITH<procedure_option> [ , ...n ] ]
[ FOR REPLICATION ]
AS { <sql_statement> [;][ ...n ] }
[;]
<procedure_option> :: =
[ ENCRYPTION ]
[ RECOMPILE ]
```

语法说明：

① schema_name：存储过程所属架构的名称。

② procedure_name：新存储过程的名称。

③ @paramete：过程中的参数。参数名必须以符号@为前缀，在 CREATE PROCEDURE 语句中可以声明一个或多个参数。

④ [type_schema_name.] data_type：参数以及所属架构的数据类型。

⑤ VARYING：指定结果集作为输出参数。仅适用于 cursor 参数。

⑥ default：参数的默认值。

⑦ OUTPUT：指示参数是输出参数。

⑧ RECOMPILE：指示数据库引擎不缓存该存储过程的计划，该过程在运行时编译。

⑨ ENCRYPTION：指定将存储过程的定义进行加密。

⑩ FOR REPLICATION：指定不能在订阅服务器上执行为复制创建的存储过程。

⑪ sql_statement：是包含在存储过程中的一条或多条 T-SQL 语句。

SQL Server 2012 存储过程中可以使用两种类型的参数：输入参数和输出参数，参数用于在存储过程和应用程序之间传递数据，以下举例说明。

【例 6.9】建立一个按班级查询学生信息的存储过程，使用一个输入参数来传入班级编号。

```
USE 学生成绩管理
GO
CREATE PROCEDURE Proc_ClassStudent
( @Cid  varchar(10))
AS
SELECT 学号，姓名，性别，出生日期，籍贯
FROM  student
WHERE 班级编号=@Cid
GO
```

【例 6.10】建立一个按班级查询学生人数的存储过程，使用一个输入参数来传入班级编号，另一个输出参数返回查询结果集的学生人数。

```
USE 学生成绩管理
GO
CREATE PROCEDURE Proc_ClassStudentout
( @Cid  varchar(10),
@Scount  int OUTPUT)
AS
SELECT  @Scount=COUNT(学号)
FROM  student
WHERE 班级编号=@Cid
GO
```

代码说明： @Scount 为输出参数，用来返回符合条件的学生人数，必须声明为 OUTPUT，否则存储过程不能返回值。在 T-SQL 中可以在 SELECT 语句中给参数赋值，如：SELECT @Scount= COUNT(学号)。

2. 使用 SQL Server Management Studio 创建存储过程

使用 SQL Server Management Studio 创建存储过程的步骤如下。

（1）启动 SQL Server Management Studio，并连接对象资源管理器。

（2）在"对象资源管理器"中展开数据库目录，并在数据库节点中选定数据库。

（3）在数据库下的"可编程性"下选择"存储过程"，右键单击节点，在快捷菜单中选择"新建存储过程"命令。如图 6-1 所示。

（4）此时系统将打开代码编辑器，并给出存储过程创建模板。如图 6-2 所示。

在代码编辑器中，用户可以根据自己需要更改存储过程名称，添加修改参数及存储过程的代码。完成后单击"执行"按钮，即完成存储过程创建。

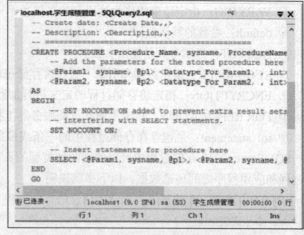

图 6-1　存储过程对象　　　　　　　　　图 6-2　新建存储过程编辑窗口

6.3.4　执行存储过程

执行已创建的存储过程使用 EXECUTE 命令，语法如下：

```
EXECUTE
  {[@return_states]
   {procedure_name[;number]|@procdure_name_var}
  [{@parameters] {value|@variable [OUTPUT]|[DEFAULT]
   [WITH RECOMPILE]
```

说明：

① @return_states 是可选的整型变量，用来存放存储过程向调用者返回的值。

② @procdure_name_var 是一字符串变量，用来代表存储过程的名称。

【例 6.11】 执行前面例 6.9 所创建的存储过程 Proc_ClassStudent。

```
EXEC Proc_ClassStudent @Cid='01'
```

说明： 执行带输入参数的存储过程时，SQL Server 提供了以下两种传递参数的方式。

（1）按位置传递。

（2）通过参数名传递。

本例是按照第二种方法来执行存储过程。如按第一种方法则可以写成

```
EXEC Proc_ClassStudent '01'
```

但 SQL Server 推荐使用通过参数名传递的方法，其好处是，有多个参数时，参数可以任意次序给出，不用考虑参数声明时的顺序。

【例 6.12】 执行前面例 6.10 所创建的存储过程 Proc_ClassStudentout。

```
DECLARE @StudentCount INT
EXEC Proc_ClassStudentout @Cid='01'
SELECT '班级人数为：'+STR(@StudentCount)+'人'
```

说明： 执行带输出参数的存储过程时，需要一个变量来存储返回参数的值，本例即声明了一个 INT 型变量@StudentCount，用来接收 OUTPUT 型参数@Scount 的值。

6.3.5　管理存储过程

创建存储过程后，可以查看、修改、删除存储过程。

1．查看存储过程的代码

在 SQL Server 2012 中可以通过系统存储过程和对象资源管理器来查看已创建的存储过程。

（1）使用系统存储过程 sp_helptext 查看存储过程代码。

例如： `sp_helptext Proc_ClassStudentout`

（2）使用 SQL Server Management Studio 查看存储过程。

使用 SQL Server Management Studio 查看存储过程的步骤如下：

① 启动 SQL Server Management Studio，并连接【对象资源管理器】。

② 在【对象资源管理器】中展开数据库目录，并在数据库节点中选定数据库。

③ 在数据库下的【可编程性】下选择【存储过程】，展开，在要查看的存储过程上右键单击，在快捷菜单选择【修改】命令。

④ 此时系统将打开代码编辑器，并显示存储过程代码。

2．修改存储过程

使用 ALTER PROCEDURE 语句来修改已创建的存储过程，它并不改变原存储过程具有的系统权限。修改存储过程语法如下。

```
ALTER PROCEDURE procedure_name[;number]
[{@parameter data_type}
[ VARYING ] [ = default ] [ OUTPUT ] ] [ , ...n ]
[ WITH<procedure_option> [ , ...n ] ]
[ FOR REPLICATION ]
AS  {<sql_statement> [ ...n ] }
<procedure_option> :: =
[ ENCRYPTION ]
[ RECOMPILE ]
```

语法说明：

① 语法中各参数的含义请参见 CREATE PROCEDURE 语句。

② ALTER PROCEDURE 语句修改一个单一的存储过程，如果该过程调用了其他存储过程，被调用的存储过程不受影响。

3．删除存储过程

使用 DROP PROCEDURE 语句可以从当前数据库中删除一个或多个存储过程。

语法如下：

```
DROP PROCEDURE {procedure_name}[, ...n]
```

例如：下面语句将删除 Proc_ClassStudent 存储过程。

```
DROP PROCEDURE  Proc_ClassStudent
```

4．重命名存储过程

可以使用 sp_rename 系统存储过程或 SQL Server Management Studio 给已有的存储过程重命名。

下例使用 sp_rename 重命名存储过程。

```
EXEC  sp_rename  Proc_ClassStudent  p_class
```

使用 SQL Server Management Studio 重命名存储过程与 Windows 下文件重命名方式类似，不再赘述。

6.3.6 触发器概念和分类

触发器实际上是一种特殊的存储过程，与普通存储过程所不同的是，它在特定语言事件发生时自动执行，而不需要显示的执行语句。触发器通常用于实现强制业务规则和数据完整性。

1. 触发器的作用

触发器的主要作用是实现由主键和外键所不能保证的复杂的参照完整性和数据一致性。除此之外，触发器还有以下作用。

（1）触发器可以对数据库进行级联修改。例如一个表上数据操纵（插入、删除、更新）能引发触发器对另一个表进行数据操纵（插入、删除、更新）。

（2）实现比 CHECK 约束更为复杂的限制。

（3）用于跟踪变化。触发器可以检测数据库内的操作，禁止未经许可的更新和变化。

（4）强制表的修改要合乎业务规则。

2. 触发器的分类

SQL Server 2012 数据库提供两大类触发器：DML 触发器和 DDL 触发器。

（1）DML 触发器

DML 触发器是当数据库服务器中发生数据操作语言（DML）事件时要执行的操作。DML 事件包括对表或视图发出的 UPDATE、INSERT 或 DELETE 语句。

DML 触发器用于在数据被修改时强制执行业务规则，以及扩展 SQL Server 2012 的约束、默认值和规则的完整性检查逻辑。

DML 触发器又包括两种类型：AFTER 触发器和 INSTEAD OF 触发器。

● AFTER 触发器：在 UPDATE、INSERT 或 DELETE 操作后执行。该类触发器只能定义在表上。

● INSTEAD OF 触发器：在 UPDATE、INSERT 或 DELETE 语句操作执行时替代执行。它可以定义在表上，也可以定义在视图上。与 AFTER 触发器不同的是，AFTER 触发器不阻止触发器 UPDATE、INSERT 或 DELETE 操作本身，而是在这些操作之后继续执行触发器内的内容。而 INSTEAD OF 触发器则是要以触发器内的操作来代替原有的 UPDATE、INSERT 或 DELETE 操作。

（2）DDL 触发器

DDL 触发器是 SQL Server 2005 以后的新增功能。它是一种特殊的触发器，在执行数据定义语句（DDL）时被触发，主要是 CREATE、ALTER 和 DROP 语句。这种触发器用于执行管理任务，并强制影响数据库的业务规则。它们应用于数据库或服务器中某一类型的所有命令。

3. 触发器的工作原理

理解触发器的原理，有利于更好使用触发器。本节主要介绍 DML 触发器。

（1）Inserted 表和 Deleted 表

SQL Server 2012 为每个 DML 触发器都创建了两个专用临时表：Inserted 表和 Deleted 表。这两个表的结构总是与被该触发器作用的表的结构相同，触发器执行完成后，与该触发器相关的这两个表也会被删除。

Inserted 表存放由于执行 INSERT 或 UPDATE 语句而要向表中插入的所有行。

Deleted 表存放由于执行 DELETE 或 UPDATE 语句而要从表中删除的所有行。

（2）INSERT 触发器

INSERT 触发器是在将数据插入到表或视图时，引发执行的特殊存储过程。当数据表的 INSERT 触发器执行时，新插入的数据行同时插入到原数据表和 Inserted 表，实际上是插入行的一个副本。

- DELETE 触发器

DELETE 触发器是在将数据从表或视图删除时，引发执行的特殊存储过程。当数据表的 DELETE 触发器执行时，删除的数据行先插入到 Deleted 表。好处是触发器语句被强迫终止时，可以从 Deleted 表还原数据。

- UPDATE 触发器

UPDATE 触发器是在对表或视图修改时引发的触发器。UPDATE 触发器处理分两个步骤，当 UPDATE 语句执行时，修改前的数据被移到 Deleted 表；而修改后的数据被移到 Inserted 表。好处是可以对修改前后的数据进行比对。

4. 使用触发器的一般规则

触发器对数据的操作和管理带来直接影响，因此对触发器的使用一定要慎重进行。

（1）使用 CREATE TRIGGER 语句创建触发器，必须是批处理中的第一条语句，该语句后面的其他语句被解释为 CREATE TRIGGER 语句定义的一部分。

（2）DML 触发器是数据库对象，名称必须符合标识符命名规则。

（3）触发器只能建立在当前数据库中。

（4）一个触发器只能对应一个数据表。

（5）不能对临时表或系统表建立触发器。

（6）触发器语句中，不能引用系统表。

（7）对于含有用 DELETE 或 UPDATE 操作定义了外键的表，不能定义 INSTEAD OF DELETE 和 INSTEAD OF UPDATE 触发器。

6.3.7　创建触发器

DML 触发器是数据操作的基础，本节主要介绍 DML 触发器的创建。创建 DML 触发器需要确定以下内容：

- 触发器名称。
- 触发器基于的表或视图。
- 触发器激发的时机。
- 触发器的操作语句，即 INSERT、UPDATE 或 DELETE。
- 触发器执行的语句。

可以用两种方式创建触发器：①通过 T-SQL 语句 CREATE TRIGGER 创建；②使用 SQL Server Management Studio 来交互式创建。

1. 使用 CREATE　TRIGGER 语句创建触发器

CREATE　TRIGGER 创建 DML 触发器的语法格式如下：

```
CREATE TRIGGER [ schema_name . ]trigger_name
ON { table | view }
[ WITH ENCRYPTION ]
{ FOR | AFTER | INSTEAD OF }
{ [ INSERT ] [ , ] [ UPDATE ] [ , ] [ DELETE ] }
```

```
[ NOT FOR REPLICATION ]
AS { sql_statement [ ; ] }
```

语法说明：

① schema_name：DML 触发器所属架构的名称。

② trigger_name：触发器的名称。

③ table|view：对其执行 DML 触发器的表或视图，有时称为触发器表或触发器视图。

④ WITH ENCRYPTION：对 CREATE TRIGGER 语句的文本进行加密。

⑤ AFTER：指定 DML 触发器仅在触发 SQL 语句中指定的所有操作都已成功执行时才被激发。若使用关键字 FOR，则表示触发器为 AFTER 触发器，并且该类型触发器只能在表上创建。

⑥ INSTEAD OF：指定 DML 触发器用于"替代"引起触发器执行的 T-SQL 语句，因此其优先级高于触发语句的操作。

⑦ { [INSERT] [,] [UPDATE] [,] [DELETE] }：指定激活触发器的数据修改语句。必须至少指定一个选项。在触发器定义中允许使用上述选项的任意顺序组合。

⑧ NOT FOR REPLICATION：指示当复制代理修改涉及的触发器的表时，不应执行触发器。

⑨ sql_statement ：指定触发器所执行的 T-SQL 语句。

【例 6.13】创建一个触发器，当向图书借阅表 borrow 插入数据时，在图书表 book 中更新图书库存，使库存减 1。

```
USE 图书管理
GO
CREATE TRIGGER Borrow_Stock
ON borrow
AFTER INSERT
AS
UPDATE book SET 图书库存=图书库存-(SELECT 借阅数量 FROM inserted) WHERE 图书编号=
(SELECT  图书编号 FROM  inserted)
GO
```

代码说明：

① 该段代码在表 borrow 上创建了一个触发器，AFTER 关键字指定它在插入 borrow 表时被激发。

② SELECT 借阅数量 FROM inserted 和 SELECT 图书编号 FROM inserted)是在 insert 表中查找该书的借阅数量和图书编号，即新借出图书的信息。

创建完成后，可以在借阅表中插入一条记录，然后测试图书表的库存是否减少。

【例 6.14】创建一个触发器，当删除课程表 course 中记录时，同时删除成绩表中该课程的所有记录，即实现级联删除。

```
USE 学生成绩管理
CREATE TRIGGER  course_delete
ON course
AFTER  DELETE
AS
DELETE FROM score WHERE 课程编号=(SELECT  课程编号 FROM  deleted)
GO
```

代码说明：

该段代码在表 course 上创建了一个触发器，AFTER DELETE 关键字指定它在该表删除记录时被激发。

运行上述语句创建触发器后，可以在课程表删除记录，然后测试是否在成绩表中所删除课程的信息是否同时被删除。

【例 6.15】创建一个触发器，当修改学生表 student 中的学生学号时，提示禁止修改并回滚。

```
USE 学生成绩管理
CREATE TRIGGER  sno_update
ON student
FOR UPDATE
AS
IF UPDATE (学号)
BEGIN
PRINT  '禁止该操作，学生学号不能被修改！'
ROLLBACK  TRANSACTION
END
GO
```

代码说明：

① 该段代码在表 STUDENT 上创建了一个触发器，FOR UPDATE 关键字指定它在修改该表时被激发。

② ROLLBACK TRANSACTION 是执行回滚操作，即撤销所做修改。

运行上述语句创建触发器后，可以在学生表修改学号，然后测试是否提示禁止修改信息。

2. 使用 SQL Server Management Studio 来交互式创建触发器

使用 SQL Server Management Studio 创建触发器的步骤如下。

① 启动 SQL Server Management Studio，并连接对象资源管理器。

② 在"对象资源管理器"中展开数据库目录，并在数据库节点中选定数据库，在该数据库下找到要创建数据库的表。

③ 展开表节点，在下列项目中选择"触发器"，右键单击节点，在快捷菜单中选择"新建触发器"命令。如图 6-3 所示。

④ 此时系统会显示查询编辑器，并给出存储过程创建模板。

⑤ 在代码编辑器中，用户可以根据自己需要更改触发名称、修改类别和触发时机等，并可编辑存储过程的代码。完成后单击"执行"按钮，即完成触发器创建。如图 6-4 所示。

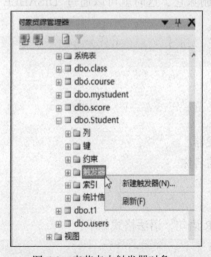

图 6-3　表节点中触发器对象

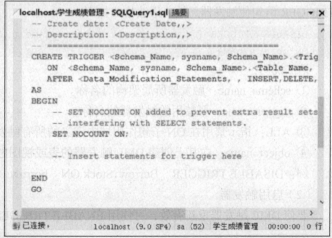

图 6-4　新建触发器编辑窗口

6.3.8 管理触发器

创建触发器后，可以查看、修改、删除触发器，并可以使触发器失效和再生效。

同样可以用两种方式来管理触发器：使用 T-SQL 语句或使用 SQL Server Management Studio。使用 SQL Server Management Studio 交互式管理触发器比较简单，可以参考上节创建触发器的步骤进行，以下主要介绍使用 T-SQL 语句（包括系统存储过程）来管理触发器。

1. 查看触发器

系统存储过程 sp_help、sp_helptext、sp_depends 可以查看触发器的不同信息。

（1）sp_help

sp_help 可以查看触发器的一般信息，如触发器名称、类型、创建时间等。

例：`sp_help 'Borrow_Stock'`

（2）sp_helptext

sp_helptext 可以查看触发器的代码文本。

例：`sp_helptext 'Borrow_Stock'`

（3）sp_depends

sp_depends 可以查看触发器所用到的数据库对象，如表及表涉及的所有触发器。

2. 修改触发器

可以使用 ALTER TRIGGER 修改 DML 触发器，语法格式如下：

```
ALTER TRIGGER [ schema_name . ]trigger_name
ON { table | view }
[ WITH ENCRYPTION ]
{ FOR | AFTER | INSTEAD OF }
{ [ INSERT ] [ , ] [ UPDATE ] [ , ] [ DELETE ] }
[ NOT FOR REPLICATION ]
AS { sql_statement [ ; ] }
```

其中各参数的含义与创建触发器相同，不再详述。

3. 禁用和再启用触发器

（1）禁用 DML 触发器

在有些情况下，用户希望暂停触发器的作用，但并不删除它，这时就可以通过 DISABLE TRIGGER 语句使触发器无效，语法格式如下：

```
DISABLE TRIGGER { [ schema . ] trigger_name [ , ...n ] | ALL }
ON object_name
```

语法说明：

① schema_name：触发器所属架构的名称。

② trigger_name：要禁用的触发器的名称。

③ ALL：指示禁用在 ON 子句作用域中定义的所有触发器。

④ object_name：在其上创建 DML 触发器的表或视图的名称。

例：DISABLE TRIGGER Borrow_Stock ON borrow

（2）启用触发器

要使 DML 触发器重新有效，可使用 ENABLE TRIGGER 语句，语法格式如下：

```
ENABLE TRIGGER { [ schema_name . ] trigger_name [ , ...n ] | ALL }
ON  object_name
```

其中，参数含义与 DISABLE TRIGGER 语句中各参数的含义相同。

例：ENABLE TRIGGER　Borrow_Stock ON　borrow

4．删除触发器

当不再需要某个触发器时，可以将其删除。删除了触发器后，它所基于的表和数据不会受到影响，而删除表将自动删除其上的所有触发器。

删除触发器的语法格式如下：

```
DROP TRIGGER '触发器名'
```

例：DROP　TRIGGER　'Borrow_Stock '

6.4　数据库安全性

数据库的安全性是指保护数据库以防止不合法的使用所造成的数据泄漏、更改或破坏。系统安全保护措施是否有效是数据库系统的主要指标之一。数据库的安全性和计算机系统的安全性（包括操作系统、网络系统的安全性）是紧密联系、相互支持的。

6.4.1　SQL Server 2012 的安全机制

1．安全机制概述

对于数据库管理来说，保护数据不受内部和外部侵害是一项重要的工作。SQL Server 2012 的身份验证、授权和验证机制可以保护数据免受未经授权的泄漏和篡改。

SQL Server 2012 的安全模型分为 3 层结构，分别为服务器安全管理、数据库安全管理和数据库对象的访问权限管理。

2．安全验证模式

SQL Server 2012 的身份验证模式有两种：Windows 身份验证模式（Windows Authentication mode）和混合模式（SQL Server and Windows Authentication mode）。

使用 Windows 身份验证模式是默认的身份验证模式，它比混合模式要安全得多，如果可能，请使用 Windows 身份验证。

使用混合模式时，无论是使用 Windows 身份验证方式的用户，还是使用 SQL Server 身份验证方式的用户，都可以连接到 SQL Server 系统上。使用混合模式中的 SQL Server 身份验证方式时，系统管理员创建一个登录账号和口令，并将它们存储在 SQL Server 中，当用户连接到 SQL Server 上时，必须提供 SQL Server 登录账号和口令。

6.4.2　管理服务器的安全性

1．服务器登录账号

在 SQL Server 2012 中，有两类登录账号：一类是 SQL Server 2012 自身负责验证身份的登录账号，另一类是 Windows 的用户账号。

2．设置安全验证模式

在 SQL Server Management Studio 中，可以查看和更改数据库系统的身份验证模式，步骤如下。

（1）启动 SQL Server Management Studio 后，选择"视图"菜单中的"已登录的服务器"。

（2）打开"已登录的服务器"窗口，在服务器名上右键单击，在快捷菜单中选择"属性"。

（3）打开"属性"窗口，用户可以通过"选择页"下拉列表框并选择"安全性"选项查看和更改身份验证模式。如图 6-5 所示。

也可以通过设置服务器的属性来设置 SQL Server 的登录验证模式，步骤如下：

（1）在 SQL Server Management Studio 的"对象资源管理器"中，在服务器名上右键单击，在快捷菜单中选择"属性"。

（2）打开属性窗口。在该窗口中可以查看和更改身份验证模式。

（3）通过"Server authentication"单选按钮选择服务器的身份验证模式，同样显示服务器身份验证对话框。如图 6-5 所示。

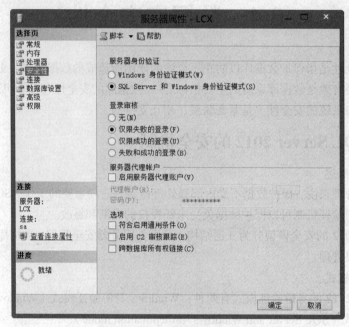

图 6-5　服务器属性窗口安全性页

3. 创建登录账号

（1）将 Windows 账号添加到 SQL Server 中

操作步骤如下：

① 在 SQL Server Management Studio 的"对象资源管理器"中，展开"安全性"。

② 右键单击"登录名"，选择"新建登录名"命令，出现如图 6-6 所示的对话框。

③ 单击"搜索"按钮，在出现的对话框中，将 Windows 账号添加到 SQL Server 中。单击"确定"按钮，即完成了登录名的创建。

（2）新建 SQL Server 账号

操作步骤如下：

① 在 SQL Server Management Studio 的"对象资源管理器"中，展开"安全性"。

② 右键单击"登录名"，选择"新建登录名"命令，出现如图 6-6 所示的对话框。

③ 在出现的"新建登录"对话框中，选中"SQL Server 身份验证"选项。

④ 在"登录名"文本框中，输入新的 SQL Server 账号名，在"密码"和"确认密码"中，输入登录名对应的密码。单击"OK"按钮，完成 SQL Server 账号的创建。

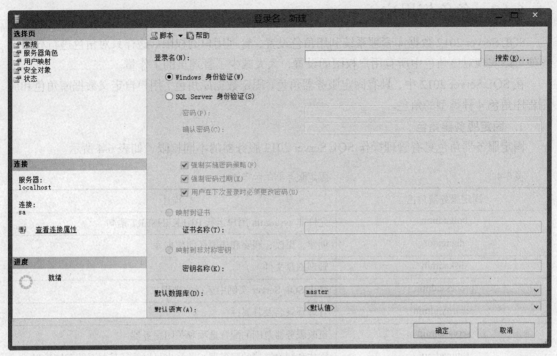

图 6-6　新建登录名对话框

4. 管理登录账号

在 SQL Server Management Studio 的"对象资源管理器"中展开"安全性",并展开"登录名"下拉列表,可以查看已创建的登录名,并可以进行属性值的修改。如图 6-7 所示。

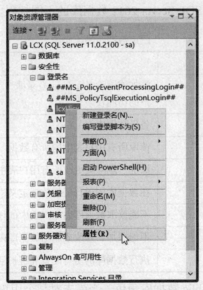

图 6-7　登录名下拉列表

如果要删除某个登录账号,在 SQL Server Management Studio 的"对象资源管理器"中展开"安全性",在"登录名"项右键单击要删除的登录账号,在快捷菜单中选择"删除"命令。

6.4.3 角色与用户

SQL Server 2012 数据库管理系统利用角色设置，管理用户的权限。这样只对角色进行权限设置便可以实现对该角色中所有用户权限的设置，大大减少了管理员的工作量。

在 SQL Server 2012 中，具有固定服务器角色、固定数据库角色、用户自定义数据库角色和应用程序角色 4 种类型的角色。

1. 固定服务器角色

固定服务器角色具有管理操作 SQL Server 2012 服务器的不同权限，如表 6-4 所示。

表 6-4　　　　　　　　　　　　　　　　固定服务器角色描述

固定服务器角色	描述
bulkadmin	允许非 sysadmin 用户运行 BULK INSERT 语句
dbcreator	创建、更改、删除和还原任何数据库
diskadmin	管理磁盘文件
processadmin	终止 SQL Server 实例中运行的进程
securityadmin	管理登录名及其属性
serveradmin	更改服务器范围的配置选项和关闭服务器
setupadmin	添加和删除链接的服务器，并且也可以执行某些系统存储过程
sysadmin	在服务器中执行任何活动

2. 数据库角色

数据库角色包括固定数据库角色和用户自定义数据角色两种类型。

（1）固定数据库角色

固定数据库角色具有管理 SQL Server 2012 数据库的不同权限。如表 6-5 所示。

表 6-5　　　　　　　　　　　　　　　　固定数据库角色描述

固定数据库角色	描述
db_accessadmin	添加或删除 Windows 登录账户、Windows 组和 SQL Server 登录账户的访问权限
db_backupoperator	备份数据库
db_datareader	读取所有用户表中的所有数据
db_datawriter	添加、删除或更改所有用户表中的数据
db_ddladmin	在数据库中运行任何数据定义语言（DDL）命令
db_denydatareader	不能读取数据库内用户表中的任何数据
db_denydatawriter	不能添加、修改或删除数据库内用户表中的任何数据
db_owner	执行数据库的所有配置和维护活动

每个数据库用户都属于 public 数据库角色。当尚未对某个用户授予或拒绝对安全对象的特定权限时，则该用户将继承授予该安全对象的 public 角色的权限。

（2）用户自定义角色

当一组用户执行 SQL Server 中一组指定的活动时，通过用户自定义的角色可以轻松地管理数据库中的权限。

3. 管理数据库用户

通过登录名登录到 SQL Server 服务器后，还不能对数据库进行操作，在一个用户可以访问数据库之前，管理员必须在数据库中为他建立一个用户名。

（1）新建数据库用户

新建数据库用户的步骤如下：

① 在 SQL Server Management Studio 的"对象资源管理器"中展开指定的数据库名，并展开"安全性"。

② 右健单击"用户"，选择"新建用户"命令，出现新建用户的对话框。如图 6-8 所示。

③ 在"用户名"文本框中输入新建的数据库用户名。

④ 单击"登录名"文本框右边的 ... 按钮，在出现的对话框中指定对应的登录账号名。

⑤ 在图 6-8 所示的对话框下方的两个列表框中，分别选定所建用户拥有的架构和所属数据库用户，单击确定，即创建了一个新的数据库用户。

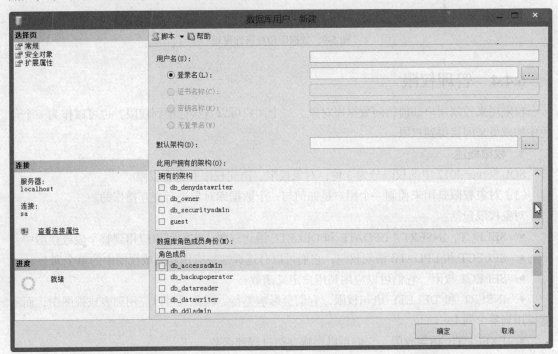

图 6-8　新建数据库用户对话框

（2）为数据库角色增加成员

可以为已存在的数据库角色（包括固定数据库角色和用户自定义数据库角色）增加或删除成员。

为角色添加成员的操作步骤如下。

① 在 SQL Server Management Studio 的"对象资源管理器"中展开指定的数据库名，并展开"安全性"。

② 右键单击"角色"，选择"属性"命令，显示"数据库角色属性"对话框。如图 6-9 所示。

③ 单击"添加"按钮，并选择对象类型为"用户"，即可显示已有的数据库用户。

④ 选择需要添加到角色的用户名，单击"确定"。

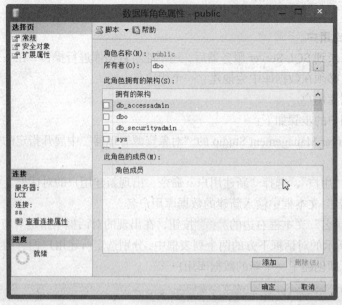

图 6-9　数据库角色属性窗口

6.4.4　管理权限

权限用来控制用户如何访问数据库对象。一个用户可以直接分配到权限，也可以作为一个角色中的成员来间接得到权限。

1. 权限概述

SQL Server 2012 中的权限分为 3 种：对象权限、语句权限和隐含权限。

（1）**对象权限**是用来控制一个用户是如何与一个数据库对象进行交互操作的。

对象权限包括：

- SELECT、INSERT、UPDATE 和 DELETE 语句权限，它们可以应用到整个表或视图中。
- SELECT 和 UPDATE 语句权限，它们可以有选择性地应用到表或视图中的单个列上。
- SELECT 权限，它们可以应用到用户定义函数。
- INSERT 和 DELETE 语句权限，它们会影响整行，因此只可以应用到表或视图中，而不能应用到单个列上。
- EXECUTE 语句权限，它们可以影响存储过程和函数。

（2）**语句权限**授予用户执行相应的语句命令的能力。

语句权限包括：

- BACKUP DATABASE
- BACKUP LOG
- CREATE DATABASE
- CREATE DEFAULT
- CREATE FUNCTION
- CREATE PROCEDURE
- CREATE RULE
- CREATE TABLE

- CREATE VIEW

（3）**隐含权限**是指系统预定义的服务器角色或数据库所有者和数据库对象所有者所拥有的权限。例如，sysadmin 固定服务器角色成员自动继承在 SQL Server 安装中进行操作或查看的全部权限。

2. 授予、拒绝和撤销权限

（1）授予权限

如果用户被直接授予权限或者用户属于已经授予权限的角色，用户就被允许执行某些指定的操作。

可以使用 GRANT 语句授权，语法格式如下：

```
GRANT { ALL }
      | permission [ ( column [ , ...n ] ) ] [ , ...n ]
[ ON securable ] TO principal [ , ...n ]
[ WITH GRANT OPTION ]
```

语法说明：

① ALL 表示授予所有可用的权限。对于语句权限，只有 sysadmin 角色成员可以使用 ALL。

② permission 是权限的名称。

③ WITH GRANT OPTION 表示可以将指定的对象权限授予其他用户。

【例 6.16】给用户 Mary 和 John 授予多个语句权限。

```
grant create database, create table to Mary, John
```

（2）拒绝权限

使用 DENY 语句可以拒绝对特定数据库对象的权限，防止主体通过其组合角色成员身份继承权限。语法格式如下：

```
DENY { ALL }
  | permission [ ( column [ , ...n ] ) ] [ , ...n ]
[ ON securable ] TO principal [ , ...n ]
[ CASCADE ]
```

语法说明：参数 CASCADE 指示拒绝授予指定主体该权限，同时，拒绝该主体将该权限授予其他主体。其余参数的含义与 Grant 语句中的各参数含义相同。

（3）撤销权限

使用 REVOKE 语句可以撤销对特定数据库对象的权限。语法格式如下：

```
REVOKE [ GRANT OPTION FOR ]
       { [ ALL ] |permission [ ( column [ , ...n ] ) ] [ , ...n ] }
[ ON securable ]
{ TO | FROM } principal [ , ...n ]
[ CASCADE ]
```

语法说明：

CASCADE：应用在授予许可时使用了 WITH GRANT OPTION 的情况。如果该用户又将被授予的许可授予了其他用户，则使用 CASCADE 关键字将撤消所有这些已经授予的许可。

REVOKE 只适用于当前数据库内的权限。

【例 6.17】废除授予多个用户的多个语句权限。

```
revoke create table, create defaultfrom Mary, John
```

3. 使用 SQL Server Management Studio 管理权限

除了使用语句之外，还可以使用 SQL Server Management Studio 进行权限的管理。

操作步骤如下：

（1）启动 SQL Server Management Studio，并连接"对象资源管理器"。

（2）在 SQL Server Management Studio 中展开当前服务器，依次展开"安全性"→"登录名"项。

（3）在登录名（例如 mysqlLogin1）上右键单击，选择快捷菜单中的"属性"命令，打开如图 6-10 所示的属性对话框。

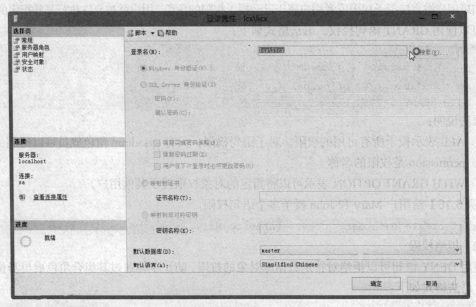

图 6-10　登录名属性对话框

（4）对话框在左侧选择"用户映射"页，在图 6-11 所示对话框中可以设置对于每个数据库的"数据库角色成员身份"。

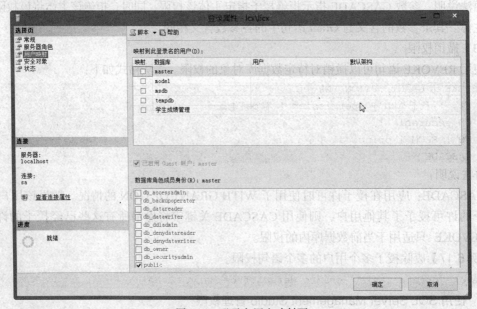

图 6-11　登录名用户映射页

另外，还可以在 SQL Server Management Studio 中进行更为详细的权限设置。

6.5　数据库完整性控制

数据库中的数据是从外界输入的，而数据的输入由于种种原因，会发生输入无效或错误的信息。保证数据符合规定，成了数据库系统关注的问题，数据完整性因此而提出。

数据库的完整性是指确保数据库中数据的正确性、有效性和相容性。

（1）正确性指数据的合法性。

（2）有效性指数据是否在有效范围内。

（3）相容性指表示同一个事实的两个数据应该一致。

6.5.1　SQL Server 完整性约束的分类和实现方法

数据库完整性的控制是围绕着完整性约束条件进行的，因此完整性约束条件是数据完整性的核心。

SQL Server 完整性约束主要包括域完整性、实体完整性和参照完整性。

1. 域完整性

域完整性是指给定列的输入有效性。强制域有效性的方法有：限制类型（通过数据类型）、格式（通过 CHECK 约束和规则）或可能值的范围。域完整性主要通过 FOREIGN KEY 约束、CHECK 约束、DEFAULT 定义、NOT NULL 定义和规则实现。

2. 实体完整性

实体完整性将行定义为特定表的唯一实体。实体完整性强制表的标识符列或主键的完整性。实体完整性通过索引、UNIQUE 约束、PRIMARY KEY 约束或 IDENTITY 属性实现。

3. 参照完整性

在输入或删除记录时，参照完整性保持表之间已定义的关系。在 SQL Server 中，参照完整性基于外键与主键之间或外键与唯一键之间的关系。参照完整性通过 FOREIGN KEY 和 CHECK 约束实现。参照完整性确保键值在所有表中一致。这样的一致性要求不能引用不存在的值，如果键值更改了，那么在整个数据库中，对该键值的所有引用要进行一致的更改。

实体完整性和参照完整性是关系模型中最重要的两个约束，被称为关系的两个不变性。

6.5.2　规则

规则是数据库对象之一，它的作用与 CHECK 约束的部分功能相同，在向表的某列插入或更新数据时，用它来限制输入的新值的取值范围。规则和 CHECK 约束都可以用来限制表中某列的值处于一个指定的值域范围。

1. 创建规则

可以使用 CREATE RULE 语句来创建规则，语法如下：

```
CREATE RULE [ schema_name .]rule_name
AS condition_expression
```

语法说明：

① schema_name：规则所属架构的名称。

② rule_name：新规则的名称。

③ condition_expression：条件表达式。是定义规则的条件，可以是 WHERE 子句中任何有效的表达式，并且可以包含诸如算术运算符、关系运算符和谓词（如 IN、LIKE、BETWEEN）之类的元素。规则不能引用列或其他数据库对象。可以包含不引用数据库对象的内置函数。

条件表达式包含一个变量，每个局部变量的前面都有一个@符号。该表达式引用通过 UPDATE或 INSERT 语句输入的值。在创建规则时，可以使用任何名称或符号表示值，但第一个字符必须是@符号。

【例 6.18】创建一个规则，用以限制插入该规则所绑定的列中的整数范围。

```
create rule range_rule
as
@range >= $1000 and @range < $20000
```

【例 6.19】创建一个规则，用以将输入到该规则所绑定的列中的实际值限制为只能是该规则中列出的值。

```
create rule list_rule
as
@list in ('1389', '0731', '0755')
```

2. 绑定规则

规则创建后，需要将其捆绑到列上或用户自定义的数据类型上，当向捆绑了规则的列或使用捆绑了规则的用户自定义数据类型的所有列插入或更新数据时，新的数据必须符合规则。

使用系统存储过程 sp_bindrule 可以将规则捆绑到列或用户自定义的数据类型上。

语法格式如下：

```
sp_bindrule [ @rulename=]'rule',
    [@objname=]'object_name' [, [@futureonly=]'futureonly_flag']
```

语法说明：

① [@rulename =] 'rule'：由 CREATE RULE 语句创建的规则名称。

② [@objname=]'object_name'：要绑定规则的表和列或别名数据类型。

③ [@futureonly=]'futureonly_flag'：只有将规则绑定到别名数据类型时才使用。future_only_flag 的默认值为 NULL。

【例 6.20】将规则绑定到列。

假设已经用 CREATE RULE 语句在当前数据库中创建名为 today 的规则，此示例将规则绑定到 employees 表的 hire date 列。将行添加到 employees 时，按照 today 规则检查 hire date 列的数据。

```
USE master
GO
EXEC sp_bindrule 'today', 'employees.[hire date]'
 GO
```

3. 解除规则的绑定

使用 sp_unbindrule 在当前数据库中为列或用户定义数据类型解除规则绑定。

语法格式如下：

```
sp_unbindrule [@objname =] '对象名'
    [, [@futureonly =] 'futureonly_flag']
```

对象名是要解除规则绑定的表和列或者用户定义数据类型的名称。

4.　删除规则

使用 DROP RULE 从当前数据库中删除一个或多个用户定义的规则。

语法格式如下：

```
DROP RULE rule_name[ , ...n ]
```

以上对规则的操作也可以通过 Microsoft SQL Server Management Studio 交互式实现。

6.5.3　默认

默认值就是用户在向表中添加数据时，如果没有明确地给出一个值，这时 SQL Server 所自动使用的值。在 DDL 语句创建和修改表时可以设定 DEFAULT 来指定默认值。但本节介绍的默认是一个数据库对象，功能与设定 DEFAULT 相同，但作为数据库对象，它可以应用于多个列或自定义数据类型。

1.　创建默认

使用 CREATE DEFAULT 语句来创建默认对象，语法如下：

```
CREATE DEFAULT [ schema_name . ] default_name
AS constant_expression
```

语法说明：

① schema_name：默认值所属架构的名称。

② default_name：默认值的名称。

③ constant_expression：常量表达式，它不能包括任何列或其他数据库对象的名称。

【例 6.21】创建字符默认值 unknown。

```
USE pubs
GO
CREATE DEFAULT phonedfit  AS 'unknown'
GO
```

2.　绑定默认

与规则一样，默认值对象创建之后，需要将其绑定到列上或别名数据类型上，默认值才能起作用。

执行系统存储过程 sp_bindefault 可将默认值绑定到列或别名数据类型。

语法如下：

```
sp_bindefault [ @defname = ] 'default' ,
[ @objname = ] 'object_name' [, [ @futureonly = ] 'futureonly_flag' ]
```

语法说明：

① [@defname =] 'default'：由 CREATE DEFAULT 创建的默认值的名称。

② [@objname =] 'object_name'：要绑定默认值的表和列或者别名数据类型。

③ [@futureonly =] 'futureonly_flag'：只有将默认值绑定到别名数据类型时才使用。futureonly_flag 的默认值为 NULL。

【例 6.22】为列解除默认值绑定。

为表 employees 的 hiredate 列解除默认值绑定。

```
exec sp_unbindefault 'employees.hiredate'
```

3.　解除默认的绑定

使用 sp_unbindefault 系统存储过程解除默认值的绑定。语法如下：

```
sp_unbindefault [ @objname = ] 'object_name'
```

```
[ , [ @futureonly = ] 'futureonly_flag' ]
```

其中参数含义与设定默认绑定相同。

4. 删除默认

使用 DROP DEFAULT 从当前数据库中删除一个或多个用户定义的默认值。

语法格式如下：

```
DROP DEFAULT  default_name [ , ...n ]
```

同样可以通过 Microsoft SQL Server Management Studio 交互式实现默认值的创建、绑定松绑和删除。

6.6 数据库并发控制与封锁

数据库系统一个明显的特点是多个用户共享数据库资源，尤其是多个用户可以同时存取相同数据。数据库并发控制是要保证在这种多用户同时对数据库进行存取的情况下，保证数据中数据的一致性，即在任一时刻数据库都以相同的形式给用户提供数据。

并发控制包括串行控制和并行控制。

串行控制：如果事务是顺序执行的，即一个事务完成之后，再开始另一个事务。

并行控制：如果 DBMS 可以同时接受多个事务，并且这些事务在时间上可以重叠执行。

6.6.1 事务

事务是并发控制的基本单位。所谓事务，就是一个操作序列，这些操作要么都执行，要么都不执行，它是一个不可分割的工作单位。

如果某一事务成功，则在该事务中进行的所有数据修改均会提交，成为数据库中的永久组成部分。如果事务遇到错误且必须取消或回滚，则所有数据修改均被清除。

SQL Server 以下列事务模式运行。

（1）自动提交事务

每条单独的语句都是一个事务。

（2）显式事务

每个事务均以 BEGIN TRANSACTION 语句显式开始，以 COMMIT 或 ROLLBACK 语句显式结束。

SQL 语言中事务的定义语句：

BEGIN TRANSACTION：开始事务。

COMMIT：提交，将事务中所有对数据库的更新写回到磁盘上的物理数据库中去，事务正常结束。

ROLLBACK ：在事务的运行过程中发生了某种故障，系统将事务中对数据库的所有已完成的操作全部撤销，滚回到事务开始时的状态。

1. 事务的特性（ACID 特性）

为保证数据完整性，要求事务具有如下特性：

原子性(Atomicity)：事务是数据库的逻辑工作单位，诸操作要么都做，要么都不做。

一致性(Consistency)：事务执行的结果必须是使数据库从一个一致状态变成另一个一致状态。

隔离性(Isolation)：一个事物的执行不能被其他事务干扰，即并发执行的各个事务之间不能互相干扰。

持续性(Durability)：一个事务一旦提交，对数据库中的数据的改变是永久性的。

以下是一个事务的例子，从账户甲转移资金到账户乙。

```
BEGIN TRANSACTION
读账户甲的余额 BALANCE；
        BALANCE= BALANCE-AMOUNT；
        IF (BALANCE<0) THEN
                {打印输出"金额不足，不能转账"；ROLLBACK；}
        ELSE
写回 BALANCE；
                {读账户乙的余额 BALANCE1；
                BALANCE1= BALANCE1+AMOUNT；
写回 BALANCE1；
                COMMIT；}
```

以上事务有两个出口，当账户甲金额不足时，事务以 ROLLBACK 解结束，即撤销该事务的影响；另一个出口是以 COMMIT 结束，完成账户甲资金转账到账户乙。在 COMMIT 之前，数据可能会不一致，事务也可能会撤销，只有 COMMIT 后，事务对数据库产生的变化才呈现给其他事务，这样就避免其他事务访问不一致的数据。

2. 并发操作带来的数据不一致

以下是飞机订票系统中的一个活动序列（同一时刻读取）实例，说明并发操作带来的数据不一致的问题。

① 甲售票点（甲事务）读取某航班的机票余额 A，A=16。

② 乙售票点（乙事务）读取同一航班机票余额 A，A=16。

③ 甲售票点卖出一张机票，修改 A=A-1，即 A=15，写入数据库。

④ 乙售票点也卖出一张机票，修改 A=A-1，即 A=15，写入数据库。

结果：卖出两张票，数据库中机票余额只减少 1。

造成数据库的不一致性是由并发操作引起的。在并发操作情况下，对甲、乙事务的操作序列是随机的。若按上面的调度序列执行，甲事务的修改被丢失，因为第 4 步中乙事务修改 A 并写回后覆盖了甲事务的修改。

如果没有锁定且多个用户同时访问一个数据库，则当它们的事务同时使用相同的数据时可能会发生问题。由于并发操作带来的数据不一致性包括以下方面。

（1）丢失数据修改

当两个或多个事务选择同一行，然后基于最初选定的值更新该行时，会发生丢失更新问题。每个事务都不知道其他事务的存在。最后的更新将重写由其他事务所做的更新，这将导致数据丢失。如上例。

（2）读"脏"数据（脏读）

读"脏"数据是指事务 T1 修改某一数据，并将其写回磁盘，事务 T2 读取同一数据后，T1 由于某种原因被撤消，而此时 T1 把已修改过的数据又恢复原值，T2 读到的数据与数据库的数据不一致，则 T2 读到的数据就为"脏"数据，即不正确的数据。

（3）不可重复读

指事务 T1 读取数据后，事务 T2 执行更新操作，使 T1 无法读取前一次结果。或者事务 T1

读取某一数据后，T2 对其做了修改，当 T1 再次读该数据后，得到与前一不同的值。

产生这些数据的不一致性的主要原因是并发操作破坏了事务的隔离性。

6.6.2 封锁

并发控制的主要技术是封锁（Locking）。如在飞机订票例子中，甲事务要修改 A，若在读出 A 前先锁住 A，其他事务不能再读取和修改 A，直到甲修改并写回 A 后解除了对 A 的封锁为止。这样甲就不会丢失修改。

事务 T 在对某个数据对象如表、记录等操作之前，先向系统发出请求，对其加锁。加锁后 T 对数据对象有一定的控制（具体的控制由封锁类型决定），在事务 T 释放前，其他事务不能更新此数据对象。

通过封锁机制，可以防止脏读、不可重复读和幻觉读。

1. 锁的类型

Microsoft SQL Server Database Engine 使用不同的锁模式锁定资源，这些锁模式确定了并发事务访问资源的方式。

（1）共享锁

共享锁也称为 S 锁，允许并行事务读取同一种资源，这时的事务不能修改访问的数据。当使用共享锁锁定资源时，不允许修改数据的事务访问数据。

（2）排他锁

排他锁也称为 X 锁，它可以防止并发事务对资源进行访问。

（3）更新锁

更新锁也称为 U 锁，它可以防止常见的死锁。更新锁用来预定要对资源施加 X 锁，它允许其他事务读，但不允许再施加 U 锁或 X 锁。

2. 封锁的粒度

Microsoft SQL Server Database Engine 具有多粒度锁定，允许一个事务锁定不同类型的资源。为了尽量减少锁定的开销，数据库引擎自动将资源锁定在适合任务的级别。锁定在较小的粒度（例如行）可以提高并发度，但开销较高，因为如果锁定了许多行，则需要持有更多的锁。

锁定在较大的粒度（例如表）可以降低并发度，因为锁定整个表限制了其他事务对表中任意部分的访问，但其开销较低，因为需要维护的锁较少。

3. 死锁

在两个或多个任务中，如果每个任务锁定了其他任务试图锁定的资源，此时会造成这些任务永久阻塞，从而出现死锁。

除非某个外部进程断开死锁，否则死锁中的两个事务都将无限期等待下去。Microsoft SQL Server Database Engine 死锁监视器定期检查陷入死锁的任务。如果监视器检测到循环依赖关系，将选择其中一个任务作为牺牲品，然后终止其事务并提示错误。

尽管死锁不能完全避免，但遵守以下特定的编码惯例可以将发生死锁的机会降至最低。

（1）按同一顺序访问对象。

（2）避免事务中的用户交互。

（3）保持事务简短并处于一个批处理中。

（4）使用较低的隔离级别。

（5）使用基于行版本控制的隔离级别。

（6）使用绑定连接。

小　　结

本章介绍了运用 Transact-SQL 进行程序设计的一般过程，包括局部变量、全局变量、流程控制命令以及一些常用命令和常用函数；存储过程是一组事先编译好的 Transact-SQL 代码，帮助我们完成更负责的数据库操作；触发器是一种特殊的存储过程，它在特定语言事件发生时自动执行，触发器通常用于实现强制业务规则和数据完整性。

数据库的安全性是指保护数据库以防止不合法的使用所造成的数据泄漏、更改或破坏；数据库的完整性是指确保数据库中数据的正确性、有效性和相容性；数据库并发控制是要保证在这种多用户同时对数据库进行存取的情况下，保证数据库中数据的一致性，事务是并发控制的基本单位。

习　　题

一、单选题

1. 在 Transact-SQL 中定义局部变量必须以（　　　）符号开头。

（A）# （B）$ （C）@ （D）@@

2. Transact-SQL 中调用存储过程的命令是（　　　）。

（A）do （B）run （C）call （D）execute

3. 调用系统函数 SUBSTRING ("湖南大学欢迎您", 5, 4)将会返回（　　　）。

（A）欢迎 （B）湖南 （C）大学 （D）您

4. 在 SQL Server 服务器上，存储过程是一组预先定义并（　　　）的 T-SQL 语句。

（A）保存 （B）编译 （C）解释 （D）编写

5. 触发器可以创建在（　　　）中。

（A）表 （B）过程 （C）数据库 （D）函数

6. 触发器可引用表和视图，并产生两个临时表分别是（　　　）。

（A）deleted 和 inserted （B）delete 和 insert

（C）table 和 view （D）index 和 trigger

7. 视图机制提高了数据库的（　　　）。

（A）完整性 （B）一致性 （C）共享性 （D）安全性

8. 安全性控制主要防范（　　　）。

（A）合法用户 （B）错误数据 （C）非法操作 （D）数据泄露

9. 事务在执行时，应遵守"要么全做，要么不做"的原则，这是指事务的（　　　）。

（A）原子性 （B）一致性

（C）持久性 （D）隔离性

10. 关系的两个不变性是指（　　　）。

（A）实体完整性和参照完整性 （B）完整性和安全性

（C）相容性和一致性 （D）原子性和隔离性

11. 解决并发控制带来数据不一致性的主要技术是（　　）。

（A）视图　　　　　　　（B）索引　　　　　　　（C）触发器　　　　　　　（D）封锁

12. 如果事务 T 对数据对象 R 实现 X 封锁，则 T 对 R（　　）。

（A）只能读不能写　　　　　　　　　　　　　（B）只能写不能读

（C）既能读又能写　　　　　　　　　　　　　（D）既不能读又不能写

二、问答题

1. 什么是触发器？它的主要作用有哪些？

2. 简述 SQL Server 完整性约束的分类和实现方法。

3. 数据库安全保护包括哪几个方面？DBMS 提供的安全性功能有哪些？

4. 什么是事务？事务的有哪几个基本特征？各有何意义？

5. 封锁的基本类型有哪些？各有何含义？

6. 简述规则与 CHECK 约束的区别。

第7章
数据库应用开发与PHP

在前面各章中，我们学习了 SQL Server 2012 的相关操作，这些操作都是在 SQL Server Management Studio 中直接进行，能对数据表进行常规的操作。如果想进行复杂的数据分析，或者将一些常见的操作，如查询、编辑修改操作固化下来，需要编写应用系统，这就是数据库系统的应用开发。为此需要建立数据库应用的开发环境，并解决其他用户通过互联网操作这些数据的问题。

建立数据库应用程序的开发环境或工具大体分成三类：使用微软公司提供的 Visual Studio.NET 系列、JSP 系列、PHP 系列，后两类是开源即免费的，所以这两类越来越普遍。本课程主要介绍 PHP 系列。

在本章，读者将学习 Web 服务器 Apache、SQL Server 2012 PHP 组件的安装与设置、PHP 及其操作 SQL SERVER 数据库等相关知识。

7.1　WEB 服务器 Apache

本章采用 B/S 模式进行数据库应用开发，即应用程序运行于远程的 Web 服务器，该服务器有 IIS、Apache 等多种类型。本章选择 Apache，其版本为 2.4.12，它有 X86（即 32 位）版与 X64 版。若操作系统是 64 位的则选择后者，如果是 32 位或不确定可选择前者。本章学习中采用 httpd-2.4.12-win32-VC11.zip，即 32 位版本。文件名中 VC11 是指该程序是用 Visual Studio. NET 2012 编译的，为此需安装对应的执行环境，即执行 vcredist_x64.exe 或 vcredist_x86.exe。

（1）操作系统：Windows 7 SP1，Windows 8/8.1 10，Windows Server 2008 r2 SP1，Windows Server 2012 /r2，vsp2。

（2）下载：Apache 2.4（http：//www.apachelounge.com/download/）。

（3）安装：建议解压到 c：\Apache24。如果解压到其他目录中，则修改 httpd.conf 中 ServerRoot、Documentroot、Direcories、ScriptAlias 等相关参数值。

（4）进入 C：\Apache24\bin>，执行 httpd.exe –k install。图 7-1 所示为安装界面。

这表明安装已经成功了，但与 80 端口冲突，修改 C：\Apache24/conf/httpd.conf 中 Listten 80 为 Listen 8080。

（5）为 C：\Apache24\bin\ApacheMonitor.exe 建立快捷方式，启动该文件并在其中再 start。这时在状态栏中会出现 표明正常启动了 Web 服务器。

（6）启动浏览器，访问 http：//localhost：8080/，若显示"It works！"则 Apache 服务器正常。

```
C:\Apache24\bin>httpd.exe -k install
Installing the 'Apache2.4' service
The 'Apache2.4' service is successfully installed.
Testing httpd.conf....
Errors reported here must be corrected before the service can be started.
AH00558: httpd.exe: Could not reliably determine the server's fully qualified do
main name, using fe80::5dfa:9ed4:a8f7:5fbb. Set the 'ServerName' directive globa
lly to suppress this message
(OS 10013)以一种访问权限不允许的方式做了一个访问套接字的尝试。  : AH00072: make_
sock: could not bind to address [::]:80
(OS 10013)以一种访问权限不允许的方式做了一个访问套接字的尝试。  : AH00072: make_
sock: could not bind to address 0.0.0.0:80
AH00451: no listening sockets available, shutting down
AH00015: Unable to open logs

C:\Apache24\bin>
```

图 7-1   Apache 2.4.12 安装界面

7.2   安装 PHP 5.5

（1）下载 PHP（http://windows.php.net/download），本课程中选择 5.5 版，选择理由在下文会提到，采用 Apache 2.4 的编译器是同一版本即 VC11 版。Thread Safe 是专用于 Apache，Non Thread Safe 专用于另一款 Web 软件 IIS。下载后的文件为 5.22-Win32-VC11-X86.zip，如图 7-2 和图 7-3 所示。

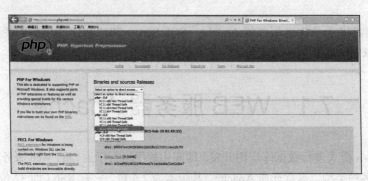

图 7-2   PHP 5.5 安装界面

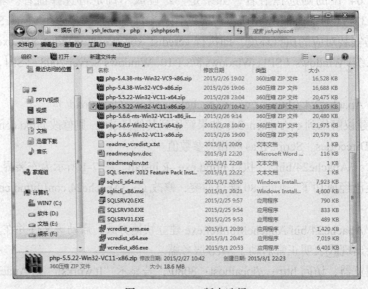

图 7-3   PHP 5.5 版本选择

（2）安装：建议直接解压到 C：\php。在 C：\apache24\conf\httpd.conf 的最后增加如下语句：

```
LoadModule php5_module C:\php\php5apache2_4.dll
AddType application\x-httpd-php .php .html .htm
PHPIniDir "C:\php"\
```

在 "Apache Service Monitor" 中 "reStart"，如果出错则表示 PHP 配置有问题。在操作系统的变量的尾部增加 "C：\php;C：\php\ext"，如图 7-4 所示。

图 7-4　PHP 5.5 系统变量编辑

复制 php.ini-development 文件得其备份，将此备份改名为 php.ini。

在 C：\apache24\htdocs 中新建文件 test.php，其内容如下：

```
<?php
 echo phpinfo();
?>
```

访问 http：//localhost：8080/test.php，若出现以下页面则表示已经正常安装了 PHP，如图 7-5 所示。

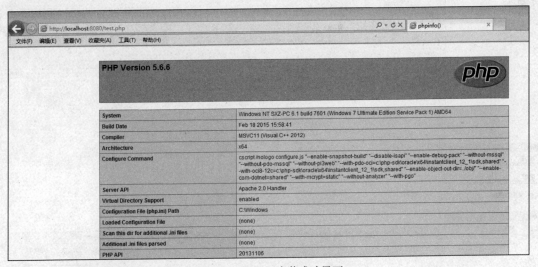

图 7-5　PHP5.5 安装成功界面

7.3　配置 PHP 的数据开发环境

7.3.1　配置数据库系统

从开始菜单中 "Microsoft SQL Server 2012" 中单击 "SQL Server Management Studio"，首次

进入 SQL Server 2012 时，采用"Windows 身份验证"，表示只要通过了 Windows 的身份验证可以进入数据库系统。而安装时输入的用户名与密码，用于启动 SQL Server 2012 的相关服务（"控制面板"→"管理工具"→"服务"中可查看 SQL Server），如图 7-6 所示。

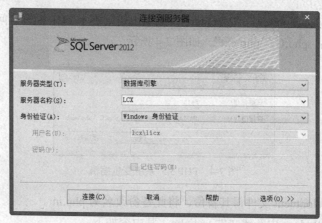

图 7-6　SQL Server Windows 身份登录

启动后右键单击"数据库"→"新建数据库"，输入数据库名称如 stud2015，单击"文件名"下方的"..."选择数据库保存位置，如 F：\ysh_lecture\php\data，如图 7-7 所示。

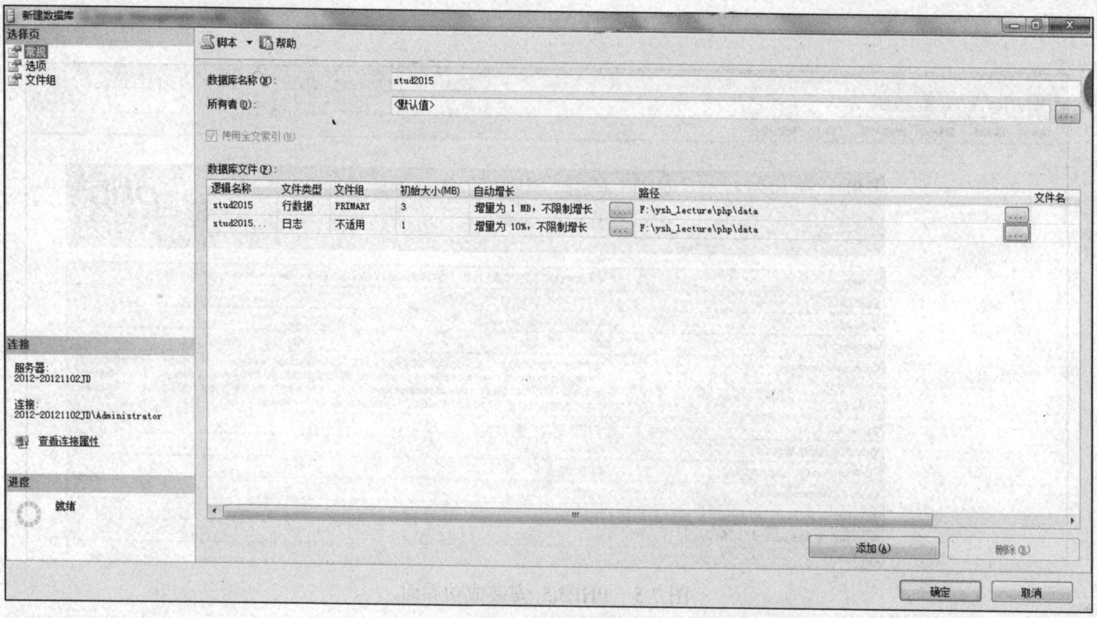

图 7-7　新建数据库

展开"安全性"，右键单击"登录名"→"新建登录名"，如图 7-8 所示输入登录名，选择"SQL Server 身份验证"，输入"密码"→"确认密码"，不选择"强制密码策略"，选择默认数据库为前面新建 stud2015。

单击"用户映射"，选择新建数据库 stud2015，也可选择其他数据库，单击"默认架构"右边的"..."，浏览并选择"dbo"，在"数据库角色成员身份"中选择"db_owner"与"public"，如图 7-9 所示。

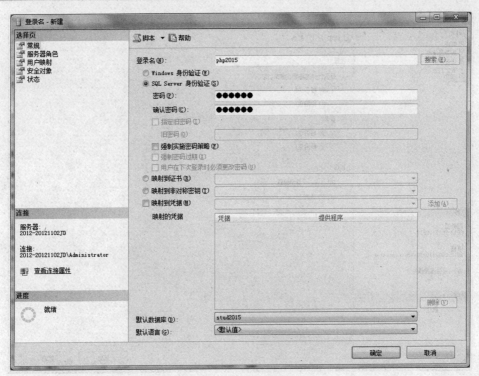

图 7-8　新建登录名

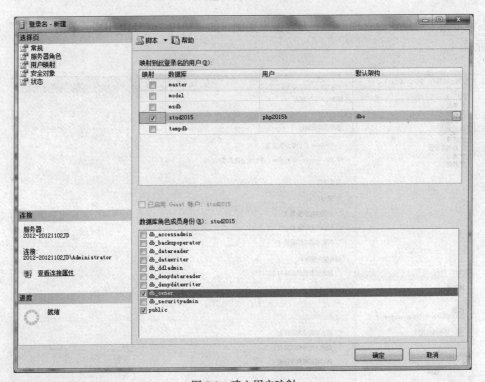

图 7-9　建立用户映射

单击"状态"，确保"是否允许连接到数据库引擎"为"授予"，"登录"为"启用"，如图 7-10 所示。

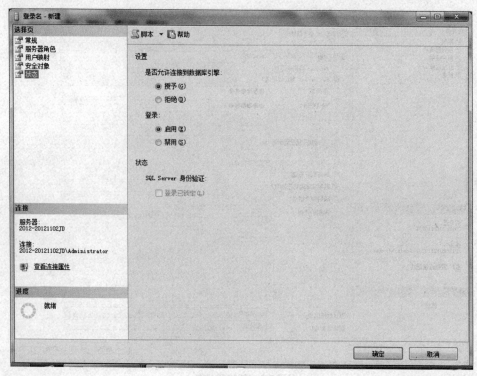

图 7-10　启用登录

右键单击"对象资源管理器"下方数据库实例，如"2012-20121102JD"，单击"属性"，如图7-11 所示。

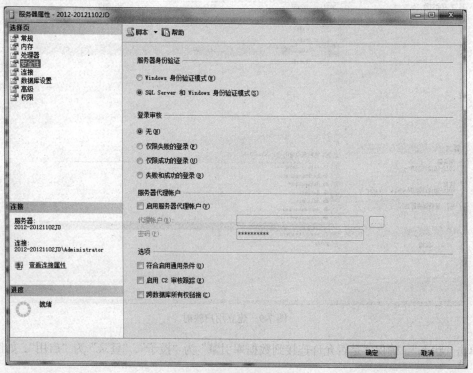

图 7-11　服务器属性设置

单击"安全性",将"服务器身份验证"选择为"SQL SERVER 和 Windows 身份验证模式"。关闭所有窗口后重新登录,如图 7-12 所示。

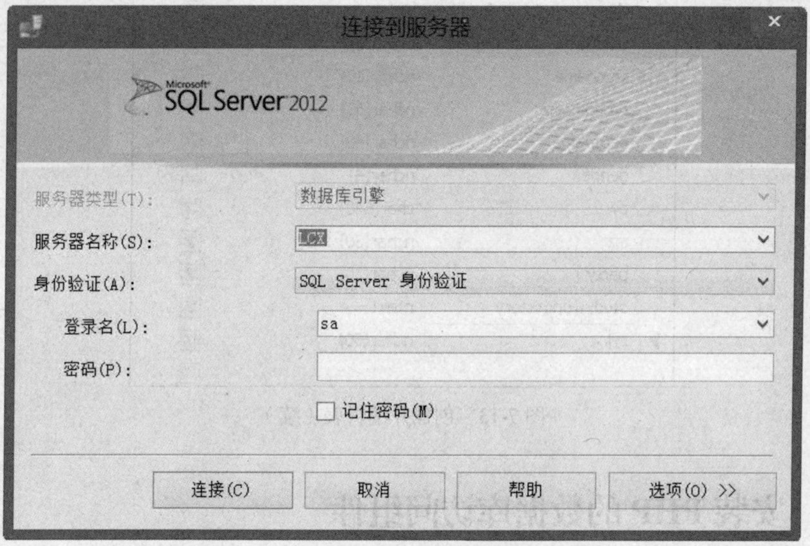

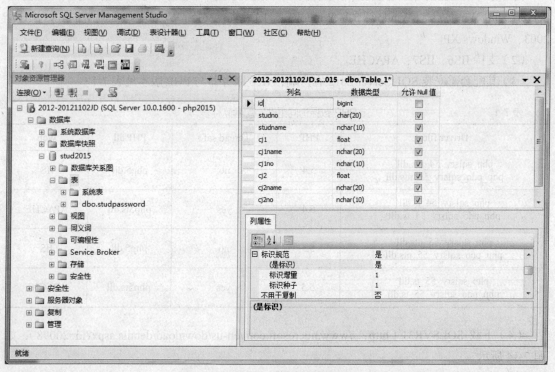

图 7-12 SQL Server 身份登录

选择身份验证为"SQL Server 身份验证",输入用户名与密码,展开数据库 stud2015,右键单击"表"项选"新建表",输入字段名的基本信息,保存时确定数据表名如 studpassword,再以"编辑前 200 行"打开数据表输入相关数据,如图 7-13 所示。

图 7-13 创建并编辑表

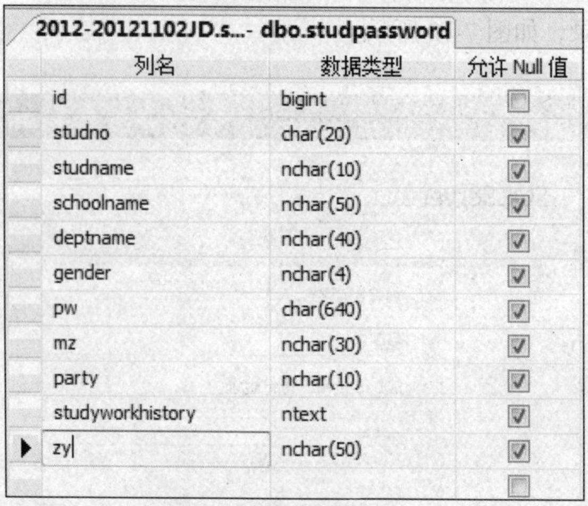

图 7-13　创建并编辑表（续）

7.3.2　安装 PHP 的数据库访问组件

PHP 只支持 SQL Server 2000，从 SQL Server 2012 起，只能采用微软的组件调用 SQL Server。该组件提供过程接口（SQLSRV 驱动）与面向对象接口（PDO_SQLSRV 组件）。它支持 Windows Authentication、transactions、parameter binding、streaming、metadata access 和 error handling。由于多数计算机的操作系统为 Windows 8/7，故选用 sqlsvr31.exe。

（1）支持 Windows Server 2012、Windows Server 2012 R2、Windows Server 2008 R2、Windows Server 2008、Windows 8、Windows 8.1、Windows 7。向后兼容支持：Windows Vista、Windows Server 2003、Windows XP。

（2）支持 IIS6、IIS7、APACHE。

（3）其配套需安装 SQL Server 2012 客户端，Web 服务器与 PHP 版本见表 7-1。

表 7-1　　　　　　　　　　　　　PHP 数据访问组件与配套软件表

Driver file	PHP	Thread safe	PHP.dll	Web
php_sqlsrv_54_nts.dll php_pdo_sqlsrv_54_nts.dll	5.4	no	php5.dll	IIS
php_sqlsrv_54_ts.dll php_pdo_sqlsrv_54_ts.dll	5.4	yes	php5ts.dll	APACHE
php_sqlsrv_55_nts.dll php_pdo_sqlsrv_55_nts.dll	5.5	no	php5.dll	IIS
php_sqlsrv_55_ts.dll php_pdo_sqlsrv_55_ts.dll	5.5	yes	php5ts.dll	APACHE

（4）下载 SQLSVR31（http：//www.microsoft.com/en-us/download/details.aspx?id=20098），如图 7-14 所示。

（5）解压到 PHP 的 ext 文件夹中。

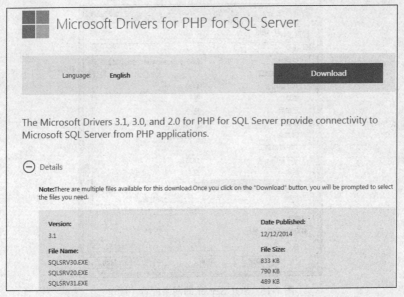

图 7-14　下载 SQLSVR31

7.3.3　配置 php.ini 载入数据库访问组件

PHP 内置了很多基本的常用功能，如数学函数、解释 HTML，更多的功能通过 php.ini 的参数决定载入需要的模块。这些模块部署在 php\ext 文件夹中，如数据库连接组件 sqlsvr31 解压到该文件夹中，图形处理的 php_gd2.dll 也在该文件夹中，为此将 php.ini 中 extension_dir="c：\php\ext"，必须写完整的目录名称。

1. 修改 php.ini

将 php.ini 中 "extension=php_gd2.dll" 前面的 "；" 去掉，表示重启 PHP 时将启动该模块。

为了启动数据库访问组件，需在 php.ini 的最后添上：

```
extension=php_sqlsrv_55_ts.dll
extension=php_pdo_sqlsrv_55_ts.dll
mssql.secure_connection = on
```

php_sqlsrv_55_ts.dll 支持过程模式调用，php_pdo_sqlsrv_55_ts.dll 支持面向对象模式调用，两种模式都提供，任由程序员选用。

2. 配置 SQL Server 的网络配置

单击菜单 "开始" → "Microsoft SQL Server 2012" → "配置工具"，如图 7-15 所示。

图 7-15　SQL Server 的网络配置

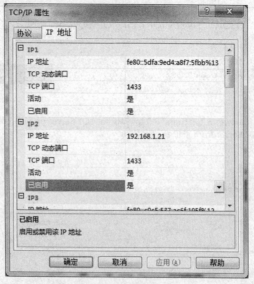

图 7-15　SQL Server 的网络配置（续）

所有 IP 地址中 TCP 端口确定为 1433，并将"已启用"设置为"是"。

3. 测试

重新启动系统后，启动浏览器，访问 http：//localhost：8080/test.php。如果显示的信息中，有图 7-16 中各框中标注的内容，即 sqlsvr 字符串、sqlsvr 的连接参数等，则表明配置成功。

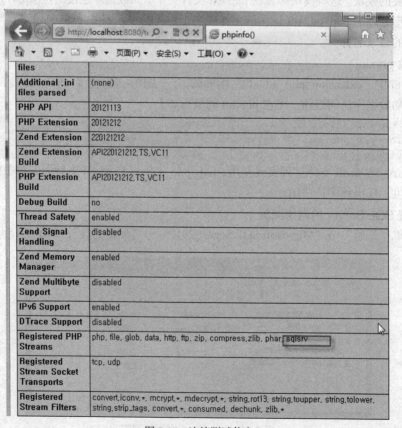

图 7-16　连接测试信息

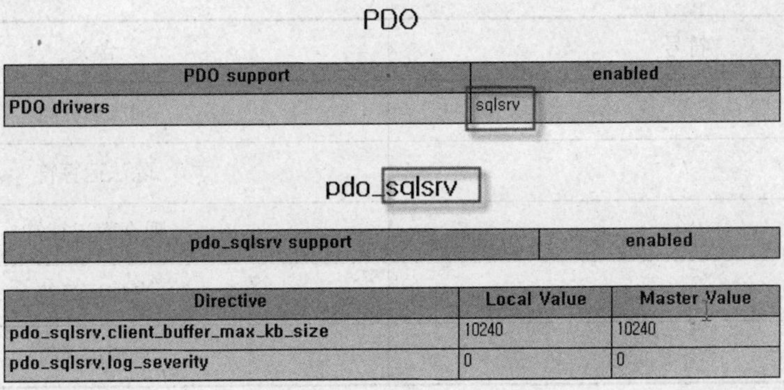

PDO

PDO support		enabled
PDO drivers	sqlsrv	

pdo_sqlsrv

pdo_sqlsrv support		enabled
Directive	**Local Value**	**Master Value**
pdo_sqlsrv.client_buffer_max_kb_size	10240	10240
pdo_sqlsrv.log_severity	0	0

图 7-16 连接测试信息（续）

如果配置不成功，请参考互联网中相关资料。

7.4 PHP 编程

7.4.1 PHP 的基础

PHP 所写的程序是边翻译边执行，而 C、VB 等语言先编译后操作，其基础与其他语言相近，数据类型、变量、常量、运算符号、关系运算、输出、输入（有点不一样）、分支、循环、数组、函数、对象（类似于 C++，没有指针）是类似的。

1. 数据类型（表 7-2）

表 7-2 PHP 的数据类型

分类	类型	类型名称
标量类型	Boolean	布尔型
	Integer	整型
	Float	浮点型，也可以是 double
	String	字符串类型

2. 变量

变量名必须是 "$" 开头，次个字符必须是字母、下划线，其后可为字母、数字、下划线，区分大小写。

变量的值类型，没必要直接写明，赋什么值它就是什么类型，如表 7-3 所示。

表 7-3 运算符及其含义

符号	含义
+	加法运算符
-	减法运算符

续表

符号	含义
*	乘法运算符
/	除法运算符
%	取余数运算符
++	自加运算符
—	自减运算符

3. 赋值运算符（表 7–4）

表 7-4 赋值运算符及其含义和用法

符号	含义	用法	相当于
+=	将左边的值加上右边的值赋值给左边的变量	$a += $b	$a = $a + $b
—=	将左边的值减去右边的值赋值给左边的变量	$a —= $b	$a = $a − $b
*=	将左边的值乘以右边的值赋值给左边的变量	$a *= $b	$a = $a * $b
/=	将左边的值除以右边的值赋值给左边的变量	$a /= $b	$a = $a / $b
%=	将左边的值对右边取余数的值赋值给左边的变量	$a %= $b	$a = $a % $b
.=	将左边的字符串连接到右边	$a = $b	$a = $a . $b

4. 位运算符

位运算符可以将一个整型变量当作一系列的位（bit）来处理。在 PHP 中提供了以下六种位运算符（表 7-5）。

表 7-5 位运算符及其含义和用法

符号	含义	用法	相当于
&	与	$a & $b	将$a 和$b 的每一位进行与操作
|	或	$a | $b	将$a 和$b 的每一位进行或操作
^	异或	$a ^ $b	将$a 和$b 的每一位进行异或操作
<<	左移	$a << $b	将$a 左移$b 位
>>	右移	$a >> $b	将$a 右移$b 位
~	取反	~$a	将$a 每一位取反

5. 比较运算符

PHP 中还提供了一些用于进行比较的运算符，通过比较两个数据的大小来返回真值或者假值，通常用在条件判断和循环处理中（表 7-6）。

表 7-6 　　　　　　　　　　　　　　比较运算符及其含义

符号	含义	符号	含义
<	小于	==	等于
>	大于	===	恒等于
<=	小于等于	!=	不等
>=	大于等于	!==	不恒等

6. 逻辑运算符

逻辑运算符：&&，‖。

7. 表达式

表达式是由变量、常量、运算符等按一定的规则组成，每个表达式都返回唯一的运算结果，运算结果的类型由数据和运算符决定。根据表达式中运算符类型不同，可以把表达式分为赋值表达式、算术表达式、逻辑表达式、位运算表达式、比较表达式、字符串连接表达式等。

【例 7.1】PHP 数据类型示意。

```
//datatypevar.php
<?php
$x=1; //
echo '<br>$x 的值为', $x;
$x+=100;
echo '<br>$x 的值为', $x, "<br>";
if ($x>0)
{
echo '变量$x 的值为', $x, ', 是逻辑型<br>';
echo "变量$x 的值为", $x, ", 是逻辑型<br>";
echo '变量$x 的值为'.$x.', 是逻辑型<br>';
}
$x=100.2356;
$y=3.1415926*$x*$x;
echo "面积=", $y, ", 半径=", $x, "<br>";
?>
```

其结果为

```
//datatypevar. php
$x 的值为1
$x 的值为101
变量$x 的值为101，是逻辑型
变量101，是逻辑型
变量$x 的值为101，是逻辑型
面积=31564.132224823，半径=100.2356
```

首先定义变量且赋值为整数 1，显示结果为 1。

将其值增加 100 得到 101，显示结果为 101 表明预测正确。分支语句中条件为真，则显示三行内容，首行用单撇界定字符串，则其中内容直接显示，次句用双撇则将字符串中变量替换其值，类似于 c 中格式符，第三次则演示了字符串运算符单点。

最后将 x 的值换成实数，进行实数运算后得到变量 y，显示结果正确。

建议字符串的连接用英文句点，显示时可以用逗号分隔。

7.4.2　分支语句

1. if 语句

if 结构是很多语言包括 PHP 在内最重要的特性之一，它允许按照条件执行代码片段。PHP 的 if 结构和 C 语言相似。

语法格式：

```php
<?php
if (expr)
    statement
?>
```

2. else 语句

经常需要在满足某个条件时执行一条语句，而在不满足该条件时执行其他语句，这正是 else 的功能。else 延伸了 if 语句，可以在 if 语句中的表达式的值为 FALSE 时执行语句。

【例 7.2】在$a 大于$b 时显示 a is bigger than b，反之则显示 a is NOT bigger than b。

```php
<?php
if ($a > $b) {
        echo "a is bigger than b";
} else {
        echo "a is NOT bigger than b";
}
?>
```

3. elseif

和 else 一样，它延伸了 if 语句，可以在原来的 if 表达式值为 FALSE 时执行不同语句。但是和 else 不一样的是，它仅在 elseif 的条件表达式值为 TRUE 时执行语句。

【例 7.3】根据条件分别显示 a is bigger than b，a equal to b 或者 a is smaller than b。

```php
<?php
if ($a > $b) {
        echo "a is bigger than b";
} elseif ($a == $b) {
        echo "a is equal to b";
} else {
        echo "a is smaller than b";
}
?>
```

【例 7.4】获得当前时间并以不同方式输出。

```php
<?php
date_default_timezone_set("PRC");//时区设置为PRC
$dispMsg="现在时间是: ".date('Y-m-d H: i: s')."<br>";
echo $dispMsg;
$t=(int)date("H");//获以小时
$dispMsg="";
if (($t>=6)&& ($t<=12))
{
$dispMsg="上午好! ";
}
else if  (($t>12)&&($t<=18))
{
$dispMsg="下午好";
```

```
    }
    else if (($t>18 && $t<24) ||($t>0 && $t<6))
    {
    $dispMsg="晚上好";
    }
    echo $dispMsg."<br>";
?>
```

【例 7.5】判断闰年：交互式输入数据，根据所输入的数据进行处理。

```
<html>
<!--
if2.php

输入数据
-->
<head>
<title>输入年号判断是否闰年</title>
<meta http-equiv='content-type' content='text/html;charset=utf-8'>
</head>
<form action="" method="post" >
<h2>请输入年份: </h2>
<!-- 刷新时获取所提交的数据

如果没有这句话，则提交后此处显示为空


 -->
<input type="text" name="year"  size="4"  value="<?php echo $_POST["year"] ?>">
<input type="submit" name="ok" value="判断">
</form>
<!-- 获取数据并处理-->
<?php
 if (isset($_POST["ok"]))  //如果单击判断按钮
 {
$year=$_POST["year"]; //获取年号
$dispMsg="";
if (($year%4==0 && $year%100!=0) ||($year%400==0))
{
        $dispMsg=$year."是闰年<br>"."二月有 29 天";
}
else
{
        $dispMsg=$year."是平年<br>"."二月只有 28 天";
}
echo $dispMsg;
 }
?>
<!--
建议：输入数据 form 在一个页面中，处理数据的页面为另一个，
 -->
</html>

<html>
<!--
```

【例 7.6】输入成绩，并输出成绩的等级。

```
输入数据
-->
<head>
<title>输入成绩求出等级</title>
<meta http-equiv='content-type' content='text/html;charset=utf-8'>
</head>
<form action="" method="post" >
<h3>请输入分数: </h3>
<!-- 刷新时获取所提交的数据
如果没有这句话，则提交后此处显示为空

 -->
<input    type="text"    name="score"    size="10"    value="<?php    echo
$_POST["score"] ?>">
<input type="submit" name="ok" value="判断">
</form>
<!-- 获取数据并处理-->
<?php
 if (isset($_POST["ok"])) //如果单击判断按钮
 {
$score=$_POST["score"]; //获取分数
$dispMsg="";
if (($score<0) || ($score>100))
{
        $dispMsg=$score."超出范围<br>";
}
else if (($score>=90)&&($score<=100))
{
        $dispMsg=$score."优秀<br>";
}
else if (($score>=70)&&($score<90))
{
        $dispMsg=$score."良好<br>";
}
else if (($score>=60)&&($score<70))
{
        $dispMsg=$score."合格<br>";
}
else
{
        $dispMsg=$score."不及格";
}
echo $dispMsg;
}
?>
<!--
建议: 输入数据 form 在一个页面中，处理数据的页面为另一个，
 -->
</html>
```

7.4.3　循环

1. while 语句

while 循环是 PHP 中最简单的循环类型。它和 C 语言中的 while 语句用法一样。

while 语句的基本格式是：

```
while (expr)
    statement
```

【例 7.7】输入一个数，求到此数字的和。

```
<html>
<!-- loop1.php  while () {....} -->
<head>
<title>输入一个数求到此数字和</title>
<meta http-equiv='content-type' content='text/html;charset=utf-8'>
</head>
<form action="" method="post" >
<span style='font-size: 16'>n=? </span>
<input type="text" size="8" name="nval"  value="<?php echo $_POST["nval"]  ?>">
<input type="submit" name="sbt1" value="提交">
</form>
<?php
if (isset($_POST["sbt1"]))
{
        $nval=$_POST["nval"];
        $nval=(int)$nval;
        $i=1;
        $sum=0;
        //这是最经典的循环
        while ($i<=$nval)
        {
                $sum+=$i;
                $i++;
        }
        echo "1..".$nval."的和=".$sum."<br>";
}
else
{
        echo "没有提交数据."."<br>";
}
?>
</html>
```

2. do-while 语句

do-while 和 while 循环非常相似，区别在于表达式的值是在每次循环结束时检查而不是开始时。和 while 循环主要的区别是 do-while 的循环语句保证会执行一次。

while 语句的基本格式如下：

```
<?php
do {
statement
} while (expr);
?>
```

【例 7.8】输入一个数，求到此数字的和(使用 do-while 语句)。

```
<html>
<!-- loop2.php  do {} while ()  -->
<head>
<title>输入一个数求到此数字和</title>
<meta http-equiv='content-type' content='text/html;charset=utf-8'>
</head>
<form action="" method="post" >
<span style='font-size: 16'>n=? </span>
<input  type="text" size="8" name="nval"  value="<?php echo $_POST["nval"]  ?>">
<input type="submit" name="sbt1" value="提交">
</form>
<?php
if (isset($_POST["sbt1"]))
{
    $nval=$_POST["nval"];
    $nval=(int)$nval;
    $i=1;
    $sum=0;
    //这是循环模式 2
    do
    {
        $sum+=$i;
        $i++;
    }while ($i<=$nval);
    echo "1..".$nval."的和=".$sum."<br>";
}
else
{
    echo "没有提交数据"."<br>";
}
?>
</html>
```

3. for 语句

for 循环是 PHP 中最复杂的循环结构。它的行为和 C 语言的相似。for 循环的语法如下：

```
for (expr1; expr2; expr3)
    statement
```

语法说明：

（1）expr1 是初始表达式，在循环开始前无条件求值一次。

（2）expr2 是循环条件表达式。在每次循环开始前求值。如果值为 TRUE，则继续循环，执行嵌套的循环语句。如果值为 FALSE，则终止循环。

（3）expr3 是循环变量递增表达式。在每次循环之后被求值。

【例 7.9】输入一个数，求到此数字的和(使用 for 语句)。

```
<html>
<!-- loop3.php  for(控制变量=初值;控制变量<=终值;控制变量递增) {....} -->
<head>
<title>输入一个数求到此数字和</title>
<meta http-equiv='content-type' content='text/html;charset=utf-8'>
</head>
<form action="" method="post" >
```

```html
<span style='font-size: 16'>n=? </span>
<input  type="text" size="8" name="nval"   value="<?php echo $_POST["nval"]  ?>">
<input type="submit" name="sbt1" value="提交">
</form>
<?php
if (isset($_POST["sbt1"]))
{
        $nval=$_POST["nval"];
        $nval=(int)$nval;
        $i=1;
        $sum=0;
        //这是循环模式 3
        for($i=1;$i<=$nval;$i++)
        {
              $sum+=$i;
        }
        echo "1..".$nval."的和=".$sum."<br>";
}
else
{
        echo "没有提交数据"."<br>";
    }
?>
</html>
```

4. 循环的嵌套

while、do-while 和 for 循环语句都可以嵌套使用。

【例 7.10】循环嵌套，输出九九口诀表。

```html
<html>
<!-- loop4.php 循环嵌套，九九口诀表-->
<head>
<title>九九口诀表--</title>
<meta http-equiv='content-type' content='text/html;charset=utf-8'>
</head>
<?php
 for ($i=1;$i<=9;$i++)
 {
       for($j=1;$j<=9;$j++)
          {
            $k=$i*$j;
            if ($k<10)
            {
                   //在浏览器中空格必须用 来表示
                   //echo $i."*".$j."=  ".$k." "." ";
                   echo $i."*".$j."=  ".$k." "."." ";
            }
            else
            {
                   echo $i."*".$j."=".$k." "."." ";
            }
          }
       echo "<br>";
 }
```

```
?>
</html>
```

7.4.4 函数

函数分为系统函数、数学函数、自定义函数三种类型，均以例题形式出现。

1. 系统函数

【例 7.11】测试函数的中止执行。

```
<html>
<head>
<title>测试函数的中止执行</title>
<meta http-equiv='content-type' content='text/html;charset=gb2312'>
</head>
<body>
<h2>测试函数</h2>
<?php
  $var="湖南大学信息科学与工程学院";
  echo $var;
  //die(".....中止当前程序的执行"); //这行字返回给浏览器显示
  die(0);  //这个 0 值返回给操作
  echo "这句话应该看不到";
?>
</body>
</html>
```

2. 数学函数

【例 7.12】检测是否为空值检测是否为逻辑变量。

```
<html>
<head>
<title>检测是否为空值检测是否为逻辑变量</title>
<meta http-equiv='content-type' content='text/html;charset=gb2312'>
</head>
<body>
<h2>检测是否为空值</h2>
<?php
if (empty($var1))
{
     echo "变量".'$var1'."为空值<br>";
}
$var1=240;
$var2= empty($var1);
if ($var2)
{
echo '$var1'."为空值";
}
else
{
   echo  '$var1'."有值".", 值为$var1";
}
?>
</body>
</html>
```

【例 7.12】数学函数实例。

```
<html>
<head>
<title>数学函数实例</title>
</head>
<body>
<h2 align='center'>数学函数实例</h2>
<!-- 产生10个随机数变成一个函数产生，这样代码可读性增强了-->
<?php
  $i=0;
  $j=0;
  if (empty($numSerial))
  { //
  $numSerial="";
  for ($i=0;$i<10;$i++)
  {
    $numSerial=$numSerial.", ".rand(10, 100);
  }
  }
?>
<span style='font-size: 20;color: blue;'><?php echo $numSerial;?></span>
<!-- 输入一个实数，演示相关数据函数 -->
<form method="post" action="">
<span style='font-size: 14;color: red'>请输入一个实数：</span>
<input type='text' name="f1" value ="<?php echo isset($_POST["f1"])?$_POST["f1"]:
0 ?>">
<input type='submit' value='计算' name="submitbtn">
</form>


<!-- 获取输入的实数并处理，生成显示结果-->
<?php
$dispMsg="";
  if (isset($_POST["submitbtn"]))
  {
$f1=$_POST["f1"];
$dispMsg=$f1."的绝对值为: ".abs($f1)."<br>";
$dispMsg=$dispMsg.$f1."的向上取整 ceil 为: ".ceil($f1)."<br>";
$dispMsg=$dispMsg.$f1."的向下取整 ceil 为: ".floor($f1)."<br>";
$dispMsg=$dispMsg.$f1."的四舍五入 round 为: ".round($f1, 1)."<br>";
$dispMsg=$dispMsg.$f1."number_format 为: ".number_format($f1, 2, '.', ', ')."<br>";
  }
?>
<div style="font-weight: bolder;color: red;">
<?php echo $dispMsg ?>
</div>
</body>
</html>
```

3.　自定义函数

【例 7.13】自定义函数实例。

```
<html>
```

```php
<head>
<title>数学函数实例</title>
</head>
<body>
<h2 align='center'>数学函数实例</h2>
<!-- 产生 10 个随机数变成一个函数产生，这样代码可读性增强了-->
<?php
  function randysh($n0, $n1, $n)
  {
//生成 n 个 n0--n1 之间的整数
 $i=0;
  $numSerial="";
  for ($i=0;$i<$n;$i++)
  {
      $numSerial=$numSerial.", ".rand($n0, $n1);
  }
  echo $numSerial;
  }
?>
<!-- 输入一个实数，演示相关数据函数 -->
<form method="post" action="">
<span style='font-size: 14;color: red'>请输入一个实数：</span>
<input type='text' name="f1" value ="<?php echo isset($_POST["f1"])?$_POST["f1"]:
0 ?>"><br>
<input type='text' name="f2"  size="80" maxlenqth="300" value ="<?php echo
isset($_POST["f2"])?$_POST["f2"]: randysh(10, 100, 20)  ?>"><br>
<input type='submit' value='计算' name="submitbtn">
</form>

<!-- 获取输入的实数并处理，生成显示结果-->
<?php
$dispMsg="";
  if (isset($_POST["submitbtn"]))
  {
$f1=$_POST["f1"];
$dispMsg=$f1."的绝对值为：".abs($f1)."<br>";
$dispMsg=$dispMsg.$f1."的向上取整 ceil 为：".ceil($f1)."<br>";
$dispMsg=$dispMsg.$f1."的向下取整 ceil 为：".floor($f1)."<br>";
$dispMsg=$dispMsg.$f1."的四舍五入 round 为：".round($f1, 1)."<br>";
$dispMsg=$dispMsg.$f1."number_format 为：".number_format($f1,2,'.',',')."<br>";
  }
?>
<div style="font-weight: bolder;color: red;">
<?php echo $dispMsg ?>
</div>
</body>
</html>

430106196511035037
19651103
长度=18
100
```

```
90
80
88
98
89
100*90*80*88*98*89
```

4．字符串函数

【例 7.14】字符串函数实例。

```
<!--   strfun1.php -->
<html>
<head>
<title>字符串函数</title>
<meta http-equiv="content-type" content="text/html;charset=gb2312">
</head>
<body>
<?php
$id="430106196511035037";
$btd=substr($id, 6, 8);
echo $id."<br>".$btd."<br>长度=".strlen($id)."<br>";
//字符串分解为数组
$score="100, 90, 80, 88, 98, 89";
$scoreArr=explode(", ", $score);   //在 javascript, c#, java 中为 split
$i=0;
for ($i=0;$i<count($scoreArr);$i++)
{
         echo $scoreArr[$i]."<br>";
}
//数组合并为字符串
$scoreImplode=implode("*", $scoreArr);
echo $scoreImplode."<br>";
?>
</body>
</html>
```

截止 2011 年 12 月底，中国网民达到 5.13 亿，网站达到 229.6 万

截止 2011 年 12 月底，中国网民达到 5.13 亿，网站达到 229.6 万

截止 2011 年 12 月底，中国网民达到 5.13 亿，网站达到 229.6 万

截止 2011 年 12 月底，中国网民达到 5.13 亿，网站达到 229.6 万

```
<!--   strfun2.php -->
<html>
<head>
<title>字符串函数</title>
<meta http-equiv="content-type" content="text/html;charset=gb2312">
</head>
<body>
<?php
$content="截至 2011 年 12 月底，中国网民达到 5.13 亿人，网站达到 229.6 万个";
$str="5.13";
//指定字符串换成新串
$content2=str_replace($str , "<span  style=  'color :  red;font-weight :
bolder'>".$str."</span>", $content);
echo $content."<br>".$content2."<br>";
//指定位置换成新串
```

```
$content3=substr_replace($content , "<span style= 'color : red;font-weight :
bolder'>".$str."</span>", 30, 4);
echo $content."<br>".$content3."<br>";
//去空格 trim(),ltrim(),rtrim(),strtolower(),strtoupper(),ucwords(),ucfirst(),
?>
</body>
</html>
```

7.4.5 数组

数组就是一组数据的集合，把一系列数据组织起来，形成一个可操作的整体。PHP 数组的每个实体都包含两项：键和值。

在 PHP 中声明数组的方式主要有两种：一是应用 array()函数声明数组，二是直接为数组元素赋值。

【例 7.15】直接赋值方式建立数组。

```
<!-- 数组 array1.php -->
<html>
<head>
<title>数组例题 1</title>
<meta http-equiv="content-type" content="text/html;charset=gb2312">
</head>
<body>
<h1 style="font-size: 24px;font-weight: bolder">直接赋值方式建立数组</h1>
<?php
  $score[0]=100;
  $score[1]=80;
  $score[2]=90;
  $score[3]=89;
  $score[4]=90;
  $i=0;
  $dispMsg="";
  for ($i=0;$i<count($score);$i++)
  {
$dispMsg=$dispMsg.'$score['.$i."]=".$score[$i]."<br>";
  }
?>
<div style="font-size: 16;color: blue;">
<?php echo $dispMsg; ?>
</div>
</body>
</html>
```

【例 7.16】应用 array()函数声明数组。

```
<!-- 数组 array2.php -->
<html>
<head>
<title>数组例题 2</title>
<meta http-equiv="content-type" content="text/html;charset=gb2312">
</head>
<body>
<h1 style="font-size: 24px;font-weight: bolder">array 建立数组</h1>
<?php
```

```
    $score=array(6);
    $score[0]=100;
    $score[1]=80;
    $score[2]=90;
    $score[3]=89;
    $score[4]=90;
  $score[5]=97;
    $i=0;
    $dispMsg="";
    for ($i=0;$i<count($score);$i++)
    {
$dispMsg=$dispMsg.'$score['.$i."]=".$score[$i]."<br>";
    }
?>
<div style="font-size: 16;color: blue;">
<?php echo $dispMsg; ?>
</div>
</body>
</html>
```

【例 7.17】交互方式建立数组。

```
<!-- 数组 array3.php -->
<html>
<head>
<title>数组例题 3</title>
<meta http-equiv="content-type" content="text/html;charset=gb2312">
</head>
<body>
<h1 style="font-size: 24px;font-weight: bolder">交互式建立数组</h1>
<form action="" method="post">
<span>n=?</span>
<input type="text" name="nval" size="4" value="<?php echo isset($_POST
["nval"])?$_POST["nval"]: 10 ?>">
<input type="submit" value="生成数组" name="submitbtn">
</form>
<?php
  $dispMsg="";
   if (isset($_POST["nval"]))
   {
            $n=$_POST["nval"];    //获取输入值
            $score=array($n);            //生成数组，这是 java, javascript, c#不同于 c
的地方，可看成指针的升级版吧
            $i=0;
            for($i=0;$i<$n;$i++)
            {
                $score[$i]=rand(10，100);//循环生成数组的值
            }
        for ($i=0;$i<count($score);$i++)
            {
            $dispMsg=$dispMsg.'$score['.$i."]=".$score[$i]."<br>";//循环生成字
符串信息以显示
            }
    }
```

```
?>
<div style="font-size: 16;color: blue;">
<?php echo $dispMsg; ?>
</div>
</body>
</html>


<!-- 数组 array4.php -->
<html>
<head>
<title>数组例题 4</title>
<meta http-equiv="content-type" content="text/html;charset=gb2312">
</head>
<body>
<h1 style="font-size: 24px;font-weight: bolder">交互式建立数组，数组作为参数</h1>
<form action="" method="post">
<span>n=?</span>
<input type="text" name="nval" size="4" value="<?php echo isset($_POST
["nval"])?$_POST["nval"]: 10 ?>">
<input type="submit" value="生成数组" name="submitbtn">
</form>
<?php
  function dispArray($arr, $n)
  {
$i=0;
$dispM="";
for ($i=0;$i<$n;$i++)
{
    $dispM=$dispM.'arr['.$i.']='.$arr[$i]."<br>";
}
return $dispM;
  }
?>
<?php
  $dispMsg="";
  if (isset($_POST["nval"]))
  {
        $n=$_POST["nval"];   //获取输入值
        $score=array($n);    //生成数组，这是 java, javascript, c#不同于 c 的地方，
可看成指针的升级版吧
        $i=0;
        for($i=0;$i<$n;$i++)
        {
            $score[$i]=rand(10, 100);//循环生成数组的值
        }
        $dispMsg= dispArray($score, $n);//循环生成字符串信息以显示
  }
?>
<div style="font-size: 16;color: blue;">
<?php echo $dispMsg; ?>
</div>
</body>
```

```
</html>
```

【例 7.18】普通数组的排序。

```
<!-- 数组 array5.php -->
<html>
<head>
<title>数组例题 5</title>
<meta http-equiv="content-type" content="text/html;charset=gb2312">
</head>
<body>
<h1 style="font-size: 24px;font-weight: bolder">普通数组的排序</h1>
<form action="" method="post">
<span>n=?</span>
<input type="text" name="nval" size="4" value="<?php echo isset($_POST
["nval"])?$_POST["nval"]: 10 ?>">
<input type="submit" value="生成数组" name="submitbtn">
</form>
<?php
  function dispArray($arr, $n)
  {
$i=0;
$dispM="";
for ($i=0;$i<$n;$i++)
{
      $dispM=$dispM.'arr['.$i.']='.$arr[$i]."<br>";
}
return $dispM;
  }
?>
<?php
  $dispMsg="";
  if (isset($_POST["nval"]))
  {
      $n=$_POST["nval"];   //获取输入值
      $score=array($n);         //生成数组, 这是 java, javascript, c#不同于 c
的地方, 可看成指针的升级版吧
      $i=0;
      for($i=0;$i<$n;$i++)
      {
          $score[$i]=rand(10, 100);//循环生成数组的值
      }
      $scoreb=array($n);
      $scoreb=$score;
      $dispMsg="排序前<br>".dispArray($score, $n);//循环生成字符串信息以显示
      $dispMsg=$dispMsg."按数字排序后<br>";
      sort($score, SORT_NUMERIC);        //从低到高
      $dispMsg=$dispMsg.dispArray($score, $n);
      //
      $score=$scoreb;
      sort($score, SORT_REGULAR);        //从低到高
      $dispMsg=$dispMsg."正常排序后<br>";
```

```
            $dispMsg=$dispMsg.dispArray($score, $n);
            //
            $score=$scoreb;
            sort($score, SORT_STRING);            //从低到高
            $dispMsg=$dispMsg."按字符串后<br>";
            $dispMsg=$dispMsg.dispArray($score, $n);

            //
            $score=$scoreb;
            $dispMsg=$dispMsg."按数字降序后<br>";
            rsort($score, SORT_NUMERIC);          //从低到高
            $dispMsg=$dispMsg.dispArray($score, $n);
            //
            $score=$scoreb;
            rsort($score, SORT_REGULAR);          //从低到高
            $dispMsg=$dispMsg."正常降序后<br>";
            $dispMsg=$dispMsg.dispArray($score, $n);
            //
            $score=$scoreb;
            rsort($score, SORT_STRING);           //从低到高
            $dispMsg=$dispMsg."按字符串降序后<br>";
            $dispMsg=$dispMsg.dispArray($score, $n);
    }
?>
<div style="font-size: 16;color: blue;">
<?php echo  $dispMsg; ?>
</div>
</body>
</html>
```

代码说明：使用 sort()和 rsort()分别对数组进行升序和降序排列

【例 7.19】多种数据类型构成一个数组。

```
<!-- array6.php  多种类型构成一个数组 -->
<html>
<head>
<title>一条记录一个数组，多种数据类型在同一个数组中</title>
<meta http-equiv="content-type" content="text/html;charset=gb2312">
</head>
<body>
<h1 align="center">一条记录一个数组，多种数据在同一个数组中</h1>
<!-- 要换成数据表中一条记录或多条记录 -->
<?php
$m=3;
$studinfo=array($m);
  $n=10;
  $stud=array($n);
  $stud[0]="杨圣洪";
  $stud[1]="430101001";
  $stud[2]="湖南大学";
  $stud[3]="信息科学与工程学院";
```

```
$stud[4]=100;
$stud[5]=89;
$stud[6]=90;
$stud[7]=100;
$stud[8]=100;
$stud[9]=95.5;
$studinfo[0]=$stud; //直接将一条记录赋给二维数组的一个元素
//
$stud[0]="杨圣滔";
$stud[1]="430101002";
$stud[2]="深圳市建艺集团";
 $studinfo[1]=$stud;//直接将一条记录赋给二维数组的一个元素

   //
$stud[0]="杨其芸";
$stud[1]="430101003";
$stud[2]="湖南大学设计学院";
 $studinfo[2]=$stud;//直接将一条记录赋给二维数组的一个元素

 $i=0;
 $dispMsg="数组 stud 即一条记录: <br>";
  for($i=0;$i<$n;$i++)
{
      $dispMsg=$dispMsg.$stud[$i]." , ";
}
$dispMsg=$dispMsg."<br>多条记录: <br>";
 $j=0;
 for ($j=0;$j<$m;$j++)
 {
for($i=0;$i<$n;$i++)
 {
       $dispMsg=$dispMsg.$studinfo[$j][$i]." , ";
 }
 $dispMsg=$dispMsg."<br>";
 }
 echo $dispMsg;
?>
<!-- 这里处理的纯粹数据记录行, 能否将字段名与值一块保存呢, 就像.NET 的 DataReader 一样,
既可用下标访问, 也可用键名访问 -->
</body>
</html>


<!-- array7.php  多种类型构成一个数组 -->
<html>
<head>
<title>一条记录一个数组, 多种数据类型在同一个数组中, 用字段名访问</title>
<meta http-equiv="content-type" content="text/html;charset=gb2312">
</head>
<body>
<h1 align="center">一条记录一个数组, 多种数据在同一个数组中, 用字段名访问</h1>
<!-- 要换成数据表中一条记录或多条记录 -->
```

```php
<?php
$m=3;
$studinfo=array($m);
 $n=10;
 $stud=array($n);
 $stud["name"]="杨圣洪";
 $stud["no"]="430101001";
 $stud["schoolname"]="湖南大学";
 $stud["dept"]="信息科学与工程学院";
 $stud["prof1"]=100;
 $stud["prof2"]=89;
 $stud["prof3"]=90;
 $stud["prof4"]=100;
 $stud["prof5"]=100;
 $stud["pj"]=95.5;
 $studinfo[0]=$stud; //直接将一条记录赋给二维数组的一个元素
 //
 $stud["name"]="杨圣滔";
 $stud["no"]="430101002";
 $stud["schoolname"]="深圳市建艺集团";
  $studinfo[1]=$stud;//直接将一条记录赋给二维数组的一个元素

   //
 $stud["name"]="杨其芸";
 $stud["no"]="430101003";
 $stud["schoolname"]="湖南大学设计学院";
  $studinfo[2]=$stud;//直接将一条记录赋给二维数组的一个元素

 $i=0;
 $dispMsg="数组 stud 即一条记录: <br>";

 //现在下标换了文字，所以不能用数字索引了
 /* for($i=0;$i<$n;$i++)
 {
     $dispMsg=$dispMsg.$stud[$i]." , ";
 }
 */
 //用字段名访问
 $dispMsg=$dispMsg.$stud["name"]." , ".$stud["no"]." ,".$stud["school
name"]." , ".$stud["dept"]." , ";
 $dispMsg=$dispMsg.$stud["prof1"]."  , ".$stud["prof2"]."  , ".$stud
["prof3"]." , ".$stud["prof4"]." , ";
 $dispMsg=$dispMsg.$stud["prof5"]." , ".$stud["pj"]." , ";
 $dispMsg=$dispMsg."<br>多条记录: <br>";
 $j=0;
 for ($j=0;$j<$m;$j++)
 {
 // for($i=0;$i<$n;$i++)
 //无法用下标访问，只好采用枚举法访问
```

```
        //由于是二维数组，所以对于一维有记录长
        foreach ($studinfo[$j] as $eachtmp)
         {
                //$dispMsg=$dispMsg.$studinfo[$j][$i]." , ";
                $dispMsg=$dispMsg.$eachtmp." , ";
         }
         $dispMsg=$dispMsg."<br>";
         }
         echo $dispMsg;
    ?>
```
<!--　这里处理的纯粹数据记录行，能否将字段名与值一块保存呢，就像 .NET 的 DataReader 一样，既可用下标访问，也可用键名访问 -->
```
    </body>
    </html>


    <!-- array8.php  多种类型构成一个数组 -->
    <html>
    <head>
    <title>一条记录一个数组，多种数据类型在同一个数组中，用字段名访问</title>
    <meta http-equiv="content-type" content="text/html;charset=gb2312">
    </head>
    <body>
    <h1 align="center">一条记录一个数组，多种数据在同一个数组中，用字段名访问</h1>
    <!-- 要换成数据表中一条记录或多条记录 -->
    <?php
      $n=10;
      $stud=array($n);
      $stud["name"]="杨圣洪";
      $stud["no"]="430101001";
      $stud["schoolname"]="湖南大学";
      $stud["dept"]="信息科学与工程学院";
      $stud["prof1"]=100;
      $stud["prof2"]=89;
      $stud["prof3"]=90;
      $stud["prof4"]=100;
      $stud["prof5"]=100;
      $stud["pj"]=95.5;
      $index=array_search("湖南大学", $stud);
      echo $index."=".$stud[$index]."<br>";
      //
      $dispMsg="数组 stud 即一条记录：<br>";
       //用字段名访问
     $dispMsg=$dispMsg.$stud["name"]." ,".$stud["no"]." ,".$stud["school
name"]." , ".$stud["dept"]." , ";
     $dispMsg=$dispMsg.$stud["prof1"]."  , ".$stud["prof2"]."  , ".$stud
["prof3"]." , ".$stud["prof4"]." , ";
     $dispMsg=$dispMsg.$stud["prof5"]." , ".$stud["pj"]." , ";
     $dispMsg=$dispMsg."<br>按键名排序：<br>";
      // 按键名排序，还有直接在数组中查找，不需要编写代码，也就是写了很多代码，供作者调用
      ksort($stud);
```

177

```
    foreach($stud as $key=>$value)
    {
      $dispMsg=$dispMsg.$key.'->'.$value." , ";
    }
  echo $dispMsg."<br>";
    $index=array_search("430101001", $stud);
    echo $index."=".$stud[$index]."<br>";
?>
<!-- 键名依次为: dept name no o pj prof1, prof2, prof3, prof4, prof5-->
</body>
</html>
```

7.4.6 HTML

我们写的 PHP 程序是在浏览器中执行。凡是在浏览器中执行的程序，最终都是 HTML 标志与文字、字符组成的内容。

HTML 就是 Word 格式菜单或工具栏中各种功能在浏览器中的表现形式，其完整的内容可以访问 http: //www.w3school.com.cn/。可将 HTML 分成三类，显示内容类、输入内容类、控制类，本节分别介绍三类中最常用的标志。

1. 显示类

标题：<H1>标题内容</H1>、H2、H3、H4、H5、H6、H7，它相当于 Word 中各级标题，

![标题样式] ，显示完以后会另起一行。

另起一行：
，它是 break 的简写，相当于 Word 中软回车，如↓（Shift+Enter），在 Excel 中 Ctrl+Enter，直接将内容另起一行浏览器并不识别。

空格： ，它是 non blank space 等单词缩写，直接按空格键产生的空格，浏览器并不识别，只有写成此复合词才行。

显示内容后不另起一行：显示内容详细使用再说。

显示在一个长方形区域：<div>多行显示内容（用
分成多行）</div>详细使用再说。

显示一个表格内容：

```
<table align='center'>
<tr></tr><th>列标题 1</th><th>列标题 2</th>...<th>列标题 n</th></tr>
<tr><td>数据 1</td><td>数据 2</td>...<td>数据 n</td></tr>
...
</table>
```

【例 7.20】用表格形式显示九九口诀表。

九九口诀表

1*1=1	1*2=2	1*3=3	1*4=4	1*5=5	1*6=6	1*7=7	1*8=8	1*9=9
2*1=2	2*2=4	2*3=6	2*4=8	2*5=10	2*6=12	2*7=14	2*8=16	2*9=18
3*1=3	3*2=6	3*3=9	3*4=12	3*5=15	3*6=18	3*7=21	3*8=24	3*9=27
4*1=4	4*2=8	4*3=12	4*4=16	4*5=20	4*6=24	4*7=28	4*8=32	4*9=36
5*1=5	5*2=10	5*3=15	5*4=20	5*5=25	5*6=30	5*7=35	5*8=40	5*9=45
6*1=6	6*2=12	6*3=18	6*4=24	6*5=30	6*6=36	6*7=42	6*8=48	6*9=54
7*1=7	7*2=14	7*3=21	7*4=28	7*5=35	7*6=42	7*7=49	7*8=56	7*9=63
8*1=8	8*2=16	8*3=24	8*4=32	8*5=40	8*6=48	8*7=56	8*8=64	8*9=72
9*1=9	9*2=18	9*3=27	9*4=36	9*5=45	9*6=54	9*7=63	9*8=72	9*9=81

没有标题，所以其代码如下：

```
<!-- table2.php -->
<html>
<head>
<title>九九口诀表的表格形式</title>
</head>
<body>
<?php
 $dispMsg="<h1 align='center'>九九口诀表</h1>";
  $dispMsg=$dispMsg."<table    border='2'    align='center'    cellspacing='0'
cellpadding='0' width='500'>";
    $i=0;
    $j=0;
    $k=0;
    for ($i=1;$i<=9;$i++)
    {
        $dispMsg=$dispMsg."<tr>";
        for ($j=1;$j<=9;$j++)
        {
            $k=$i*$j;
            $dispMsg=$dispMsg."<td>".$i."*".$j."=".$k."</td>";
        }
        $dispMsg=$dispMsg."</tr>";
    }
  $dispMsg=$dispMsg."</table>";
?>
<div>
<?php echo $dispMsg ;?>
</div>
</body>
</html>
```

【例 7.21】以字段名访问多种数据数组，以表格形式显示。

一条记录一个数组，多种数据在同一个数组中，用字段
名访问，以表格形式显示出来

0	name	no	schoolname	dept	prof1	prof2	prof3	prof4	prof5	pj
10	杨圣洪	430101001	湖南大学	信息科学与工程学院	100	89	90	100	100	95.5
10	杨圣稻	430101002	深圳市建艺集团	信息科学与工程学院	100	89	90	100	100	95.5
10	杨其芸	430101003	湖南大学设计学院	信息科学与工程学院	100	89	90	100	100	95.5

```
<!-- tablearray3.php  多种类型构成一个数组 -->
<html>
<head>
<title>一条记录一个数组，多种数据类型在同一个数组中，用字段名访问</title>
<meta http-equiv="content-type" content="text/html;charset=gb2312">
</head>
<body>
<h1 align="center">一条记录一个数组，多种数据在同一个数组中，用字段名访问，以表格形式显示
出来</h1>
<!-- 要换成数据表中一条记录或多条记录 -->
<?php
$m=3;
$studinfo=array($m);
  $n=10;
```

```php
$stud=array($n);
$stud["name"]="杨圣洪";
$stud["no"]="430101001";
$stud["schoolname"]="湖南大学";
$stud["dept"]="信息科学与工程学院";
$stud["prof1"]=100;
$stud["prof2"]=89;
$stud["prof3"]=90;
$stud["prof4"]=100;
$stud["prof5"]=100;
$stud["pj"]=95.5;
$studinfo[0]=$stud; //直接将一条记录赋给二维数组的一个元素
//
$stud["name"]="杨圣滔";
$stud["no"]="430101002";
$stud["schoolname"]="深圳市建艺集团";
$studinfo[1]=$stud;//直接将一条记录赋给二维数组的一个元素

   //
$stud["name"]="杨其芸";
$stud["no"]="430101003";
$stud["schoolname"]="湖南大学设计学院";
 $studinfo[2]=$stud;//直接将一条记录赋给二维数组的一个元素

 $dispMsg="<table border='1' align='center' >";
 //显示列标
 $dispMsg=$dispMsg."<tr>";
  foreach($stud as $key=>$value)
 {
$dispMsg=$dispMsg."<th>".$key."</th>";
 }
 $dispMsg=$dispMsg."</tr>";
 $j=0;
 for ($j=0;$j<$m;$j++)
 {
$dispMsg=$dispMsg."<tr>";
 foreach ($studinfo[$j] as $eachtmp)
 {
        $dispMsg=$dispMsg."<td>".$eachtmp."</td>";
 }
 $dispMsg=$dispMsg."</tr>";
 }
 $dispMsg=$dispMsg."</table>";
 echo $dispMsg;
?>
</body>
</html>
```

为每个标志举多个样例，也举项目中涉及的样例。

显示图像<img src="图像文件名" border="0">

2．输入类

（1）<input type="输入类型" id="名称" name="名称" value="初值">

输入类型：text（单行文字），button（显示为一个按钮），submit（提交数据按钮），checkbox（复选框或勾选框），radio（收音按钮，多选一），hidden（隐藏按钮，保存数据而不显现），file（文件上传按钮）。如表 7-7 所示。

表 7-7　　　　　　　　　　　　　　　　　　　　输入类组件描述

值	描述
button	定义可单击按钮（多数情况下，用于通过 JavaScript 启动脚本）
checkbox	定义复选框
file	定义输入字段和 "浏览"按钮，供文件上传
hidden	定义隐藏的输入字段
image	定义图像形式的提交按钮
password	定义密码字段。该字段中的字符被掩码
radio	定义单选按钮
reset	定义重置按钮。重置按钮会清除表单中的所有数据
submit	定义提交按钮。提交按钮会把表单数据发送到服务器
text	定义单行的输入字段，用户可在其中输入文本。默认宽度为 20 个字符

（2）输入多行内容。

```
<textarea rows="行数"  cols="列数" " id="名称" name="名称" value="初值" >内容初值
</textarea>
```

（3）列表框（多选一）。

```
<select id="名称" name="名称">
<option value="代码1">显示文字1</option>
<option value="代码2">显示文字2</option>
......
<option value="代码n">显示文字n</option>
</select>
```

3. 控制类

```
<input type="button" id="名称" name="名称" value="初值">
<a href="要调用的页面? 参数" target="在哪里打开">显示文字</a>
以$_POST["对象"], $_GET["对象"]获取客户通过浏览器送来的数据
<form action="页面名称" method="post/get">
</form>
```

在函数与数组样例中，我们使用 form 标志，它是允许用户通过浏览器输入数据，PHP 获取用户输入的数据，从而进行下一步的处理或其他工作。

我们也多次说到，希望将输入界面与相关的处理页面分开，这样输入与处理输出分隔，更便于程序设计，也是一般 BS 程序设计的套路。

【例 7.22】以表单形式输入一条记录。

```
输入数据的页面 form1.php
<!--  form1.php 由于在此页面中，没有一行 PHP 代码，因此可以直接使用 HTML 页面 -->
<html>
<head>
<title>php 的表单例题1</title>
```

请输入一条记录的数据

姓名	杨圣洪
学号	04068001
性别	◉男 ◯女
专业	计算机 ▾
少数民族	☑是否少数民族
中共党员	☑是否中共党员
学习与工作经历：	

涟源一中高166，武汉大学应用数学83033，中科院空间科学与应用研究中心

[提交]

```
<meta http-equiv="content-type" content="text/html;charset=gb2312">
</head>
<body>
<h2 align='center' >请输入一条记录的数据</h2>
<form action="formAccept.php" method="post">
<table border='1' align='center' >
<tr><td>姓名</td><td><input type='text' name='name' size='20'></td></tr>
<tr><td>学号</td><td><input type='text' name='no' size='20'></td></tr>
<tr><td>性别</td><td><input type='radio' name='gender' value="男">男
                              <input type='radio' name='gender' value="女">女</td></tr>
<tr><td>专业</td><td>
<select name="zy">
<option value="计算机">计算机</option>
<option value="通信">通信</option>
<option value="土木工程">土木工程</option>
<option value="设计艺术">设计艺术</option>
</select>
</td></tr>
<tr><td>少数民族</td><td><input type='checkbox' name='mz'  value="少数">是否少数民族</td></tr>
<tr><td>中共党员</td><td><input type='checkbox' name='party'  value="中共党员">是否中共党员</td></tr>
<tr><td colspan='2'>学习与工作经历：</td></tr>
<tr><td colspan='2'>
<textarea name="studworkhistory" rows="6" cols="62"></textarea></td></tr>
<tr><td colspan='2'align='center'><input type='submit' value='提交'></td></tr>
</table>
</form>
</body>
</html>
```
接收页面

0	6
name	杨圣洪
no	04068001
gender	男
zy	计算机
mz	少数
party	中共党员
studworkhistory	涟源一中高166，武汉大学应用数学83033，中科院空间科学与应用研究中心

```
<!-- formAccept.php -->
<html>
<head>
<title>接收用户送来的数据</title>
<meta http-equiv="content-type" content="text/html;charset=gb2312">
</head>
<body>
<?php
//
    $name=$_POST["name"];
    $no=$_POST["no"];
    $gender=$_POST["gender"];
    $zy=$_POST["zy"];
    $mz="汉族";
    if (isset($_POST["mz"]))
    {
        $mz=$_POST["mz"];
    }
    $party="非中共党员";
    if (isset($_POST["party"]))
    {
        $party=$_POST["party"];
    }
    $studworkhistory=$_POST["studworkhistory"];
    //显示结果
    $n=6;
    $stud=array($n);
    $stud["name"]=$name;
    $stud["no"]=$no;
    $stud["gender"]=$gender;
$stud["zy"]=$zy;
$stud["mz"]=$mz;
$stud["party"]=$party;
$stud["studworkhistory"]=$studworkhistory;
    //显示数组的值
    $dispMsg="<table border='1' align='center'>";
    foreach($stud as $key=>$val)
    {
      $dispMsg=$dispMsg."<tr><th>".$key."</th><td>".$val."</td></tr>";
    }
$dispMsg=$dispMsg."</table>";
echo $dispMsg;
?>
</body>
</html>
```

7.5 调用 PHP 的组件

7.5.1 图形组件的使用

【例 7.23】图形组件示意。

```php
<?php
$mm="123456";
$md5_mm=md5($mm);
//echo $mm.", ".$md5_mm;
/*产生校验码 */
//启动 php_gd2.dll，为此修改 php.ini 中的此行之前的分号，并重启 apache
//产生校验码
$mm_chk="";
$i=0;
for ($i=0;$i<4;$i++){
    $mm_chk=$mm_chk.rand(0, 9);
}
$im=imagecreate(500, 600);  //宽度，高度
$background_color=imagecolorallocate($im, 255, 255, 255);
$blue=imagecolorallocate($im, 0, 0, 255);
$black=imagecolorallocate($im, 0, 0, 0);
imageline($im, 0, 0, 100, 100, $black);
imageline($im, 10, 0, 100, 90, $black);
imageline($im, 20, 0, 100, 80, $black);
imageline($im, 30, 0, 100, 70, $black);
imageline($im, 40, 0, 100, 60, $black);
imageline($im, 50, 0, 100, 50, $black);
imageline($im, 60, 0, 100, 40, $black);
imageline($im, 70, 0, 100, 30, $black);
//imageline($im, 10, 0, 90, 100, $black);
imageline($im, 100, 0, 0, 100, $black);
imageline($im, 90, 0, 0, 90, $black);
imagestring($im, 5, 5, 16, $mm, $blue);
imagestring($im, 5, 5, 36, $md5_mm, $blue);
imagestring($im, 9, 5, 56, $mm_chk, $blue);
header("Content-type: image/png");
imagepng($im);
imagedestroy($im);
?>
```

7.5.2 查询数据表中记录

编程访问数据表，其流程如下。

（1）登录数据库系统 SQL SERVER。

建议采用 SQL Server 身份验证与 Windows 身份验证的混合模式，不建议以 sa 用户登录，不

建议在脚本中给出用户名与密码（因为这些内容会缓存造成泄密），因此需要确定或输入 SQL SERVER 实例名称（默认状态为服务器的名称）、用户名（如 ph2015）、密码、数据库名。函数为 sqlsrv_connect。如：

```
$connectionInfo = array("UID"=>$uid,  "PWD"=>$pwd,  "Database"=>$db); //带键名的数组
$conn = sqlsrv_connect( $serverName,  $connectionInfo);    //服务器名与连接信息
```

（2）执行 SQL 语句为 sqlsrv_query()，如：

```
$query = sqlsrv_query($conn, "select id, studno, studname from stud2015.dbo.
studscore");
$query = sqlsrv_query($conn, "insert into studscore (studno, studname) values ()");
```

为了编程方便，PHP 还提供了：将一条记录转换为数组 sqlsrv_fetch_array()，该数组可按键名即字段名取值，获取数据个数 sqlsrv_num_rows()，即 select 所得到的数据行数，判断是否有数据可用行数，也可直接用 sqlsrv_has_rows()，字段个数 sqlsrv_num_fields()，获取当前行指定的值 sqlsrv_get_fields($stmt, $fieldIndex)，sqlsrv_fetch($query，SQLSRV_SCROLL_NEXT)等参数，这两个函数只适合于已经缓存数据到本地的情形，不建议使用。

对数据更新或插入，可以用? 表示未确定的值，当然对于字符串需要单撇符，将其值放到一个数组中，接着用 sqlsrv_prepare()将其值送到 SQL 语句中，执行 sqlsrv_execute()，这样可能更加严谨。

（3）断开连接 sqlsrv_close($conn)。

【例 7.24】读取 stud2015 中 studpassword 表中所有记录。

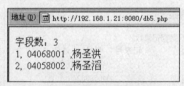

该页面显示获取表中各记录的 3 个字段的值，为此请在 C：/apache24/htdocs/db5.php 中，编写如下代码：

```
<html><head><title>采用过程模式连接数据</title>
<meta http-equiv='content-type' content='text/html;charset=utf-8'>
</head><body>
<?php
$serverName = "localhost"; //数据库服务器地址
$uid = "php2015"; //数据库用户名
$pwd = "123456"; //数据库密码
$db="stud2015";
$connectionInfo = array("UID"=>$uid,  "PWD"=>$pwd,  "Database"=>$db);
//连接数据库
$conn = sqlsrv_connect($serverName,  $connectionInfo);
if( $conn == false)
{
        echo "连接失败! ";
      die( print_r( sqlsrv_errors(),   true));
}
//采用默认方式查询数据，建立单向只读数据集
$query = sqlsrv_query($conn, "select id, studno, studname from  studscore order by
```

```
id");
    //如果结果集是 forward cursor(默认) 或 dynamic cursor
    //$query = sqlsrv_query($conn, "…", array(), array("Scrollable"=>SQLSRV_CURSOR_
KEYSET));
    //是否有行数
    $has_rows=sqlsrv_has_rows($query);
    if ($has_rows)
    {
        $field_num=sqlsrv_num_fields($query);
        echo "字段数: ".$field_num."<br>";
        while($row = sqlsrv_fetch_array($query))
        {
        echo $row['id'].",   ";
        echo $row['studno']." , ";
        echo iconv('GB2312', 'UTF-8', $row['studname'])."<br>";
        }
    }
    else{echo "<br>没有数据<br>";}
    sqlsrv_close($conn);
    ?>
    </body></html>
```

习题：读取 stud2015 中 studscore 表中所有记录。

进阶：以表格形式显数据表中记录。

提示：图中表格对应标记为

```
<table>
<tr><th>记录号</th><th>学号</th><th>姓名</th></tr>
<tr><th>1</th><th>04068001</th><th>杨圣洪</th></tr>
......
</table>
```

其中学号值如 04068001、姓名值如杨圣洪，取自于数据表 studpassword，因此需要 db5.php 中显示每条记录的循环语句要做修改，加上表格的 HTML 标记。

```
<html><head>
<title>采用过程模式连接数据</title>
<meta http-equiv='content-type' content='text/html;charset=utf-8'>
</head><body>
<?php
$serverName = "localhost"; //数据库服务器地址
$uid = "php2015"; //数据库用户名
$pwd = "123456"; //数据库密码
$db="stud2015";
$connectionInfo = array("UID"=>$uid, "PWD"=>$pwd, "Database"=>$db);
$conn = sqlsrv_connect( $serverName, $connectionInfo);
```

```
    if($conn == false)
    {
        echo "连接失败! ";
        die( print_r( sqlsrv_errors(),  true));
    }
    $query = sqlsrv_query($conn, "select id, studno, studname from  studscore order by
id", array(), array("Scrollable"=>SQLSRV_CURSOR_KEYSET));
    $num_rows=sqlsrv_num_rows($query);
    echo "数据记录数".$num_rows."<br>"; //所以采用从第 1 行读到最后一行的方法不可取
    //是否有行数
    $has_rows=sqlsrv_has_rows($query);
    $dispMsg="";
    if ($has_rows){
    $dispMsg="<table border='1' align='center'>";
    $dispMsg.="<tr><th>记录号</th><th>学号</th><th>姓名</th></tr>";
    echo $dispMsg;
    while($row = sqlsrv_fetch_array($query))
    {
        $dispMsg="<tr>";
        $dispMsg.="<td>".$row['id']."</td>";
        $dispMsg.="<td>".$row['studno']."</td>";
        $dispMsg.="<td>".iconv('GB2312', 'UTF-8', $row['studname'])."</td>";
        $dispMsg.="</tr>";
        echo $dispMsg;
    }
    echo "</table>";
    }
    sqlsrv_close($conn);
    ?>
</body></html>
```

【例 7.25】读取 studpassword 表中某些记录。

参照 form2.php 建立如图 7-17 所示的表单 form3.php，用户选择字段名，选择比较符，输入查询值，单击查询后，将这三个数据发送到 form3Accept.php，接收到这些数据后，从指定的数据表中获取相关数据，然后以 db6.php 类似的风格显示出来。如图 7-18、图 7-19、图 7-20 所示。

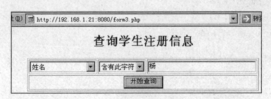

图 7-17　模糊查询

id	studno	studname	schoolname	deptname	gender	pw	mz	party	studyworkhistory	zy
7	04068004	杨其芸	湖南大学	设计艺术学院	女		汉族	非中共党员	中南大学（时为中南工业大学）、长沙环境保护职业技术学院	设计艺术
8	04068005	杨建兰	海军工程学院	法学院（政治与公共管理学院）	女		汉族	中共党员	海军工程大学	通信
9	04068006	杨道岚	深圳大学	信息科学与工程学院	男		汉族	非中共党员	深圳南大	计算机

图 7-18　按姓氏查询结果

图 7-19　精确查询

图 7-20　精确查询结果

```
form3.php
    <html><head><title>php 的表单例题 3</title>
    <meta  http-equiv="content-type" content="text/html;charset=utf-8">
    </head><body>
    <h2 align='center' >查询学生注册信息</h2>
    <form action="form3Accept.php" method="post">
    <table border='1' align='center' >
    <tr>
    <td>
    <select name="fieldName">
    <option value='studno'>学号</option>
    <option value='studname'>姓名</option>
    <option value='gender'>性别</option>
    <option value='schoolname'>学校名称</option>
    <option value='deptname'>所在学业院（系）</option>
    <option value='zy'>专业</option>
    <option value='mz'>少数民族</option>
    <option value='studyworkhistory'>学习与工作经历</option>
    </select>
    </td>
    <td>
    <select name="cmpstr">
    <option value='='>相等</option>
    <option value='<>'>不相等</option>
    <option value='ks'>以此开始</option>
    <option value='js'>以此结束</option>
    <option value='bh'>含有此字符</option>
    </select>
    </td>
    <td>
    <input type='text' size='30' maxlength='60' name='cmpval'>
    </td>
    </tr>
    <tr>
    <td colspan='3' style='text-align: center;'>
    <input type='submit' value='开始查询'>
    </td>
```

```
    </tr>
    </table></form></body></html>


form3Accept.php
    <html><head><title>查询注册数据</title>
    <meta http-equiv="content-type" content="text/html;charset=utf-8">
    </head><body>
    <?php
    $fieldName=$_POST["fieldName"];
    $cmpstr=$_POST["cmpstr"];
    $cmpval=$_POST["cmpval"];
    //转换数据库中的编码方式
    $cmpval=iconv('utf-8', 'GB2312//IGNORE', $cmpval);
    //查询数据
    $stmt="SELECT * FROM studpassword WHERE ";
    if ($cmpstr=="=")
    {
    $stmt.=" $fieldName='$cmpval' order by id";
    }
    else if ($cmpstr=="<>")
    {
    $stmt.=" $fieldName<>'$cmpval' order by id";
    }
    else if ($cmpstr=="ks")
    {
    $stmt.=" $fieldName  LIKE '$cmpval%' order by id";
    }
    else if ($cmpstr=="js")
    {
    $stmt.=" $fieldName  LIKE '%$cmpval' order by id";
    }
    else if ($cmpstr=="bh")
    {
    $stmt.=" $fieldName  LIKE '%$cmpval%' order by id";
    }
    $serverName = "localhost"; //数据库服务器地址
    $uid = "php2015"; //数据库用户名
    $pwd = "123456"; //数据库密码
    $db="stud2015";
    $connectionInfo = array("UID"=>$uid, "PWD"=>$pwd, "Database"=>$db);
    $conn = sqlsrv_connect( $serverName, $connectionInfo);
    if($conn == false)
    {
        echo "连接失败! ";
        die( print_r( sqlsrv_errors(), true));
    }
    $query = sqlsrv_query($conn, $stmt);
    $has_rows=sqlsrv_has_rows($query);
    $dispMsg="";
    $i=0;
    $field_num=0;
```

```
if ($has_rows){
    $field_num=sqlsrv_num_fields($query);
    $field_arr=sqlsrv_field_metadata($query);
    $dispMsg="<table border='1' align='center'>";
    $dispMsg.="<tr>";
    //每个字段的名称
    for ($i=0;$i<$field_num;$i++)
    {
        $col_arr=$field_arr[$i];//字段 i 的基本信息
        $dispMsg.="<th>".$col_arr["Name"]."</th>";
    }
    $dispMsg.="</tr>";
    echo $dispMsg;
    //显示每条记录
    while($row = sqlsrv_fetch_array($query))
    {
        $dispMsg="<tr>";
        for ($i=0;$i<$field_num;$i++){
            //将数据库 GB2312 的数据转换为 UTF-8 格式
            $tmpstr=iconv('GB2312', 'UTF-8', $row[$i]);
            if (strlen($tmpstr)==0){$tmpstr=" ";}
            $dispMsg.="<td>".$tmpstr."</td>";
        }
        $dispMsg.="</tr>";
        echo $dispMsg;
    }
    echo "</table>";
}
else {echo "没有数据! ";}
sqlsrv_close($conn);
?>
</body></html>
```

7.5.3 增加数据表的记录

【例 7.26】将基本信息增加到 studpassword 表中。

参考 form1.php 建立 form2.php，增加输入学建立校名称与院系名称的控件，参考 formAccept.php 建立 form2Accept.php，除显示接收到数据外，还要将其保存到数据表 studpassword 表中。

与读取数据不同的地方是，将 SELECT 语句换成 INSERT 语句，将数据追加到数据表 studpasword 表中。

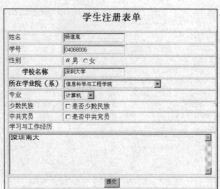

form2.php 的代码如下：

```html
<html><head><title>php 的表单例题 2</title>
<meta  http-equiv="content-type" content="text/html;charset=utf-8">
</head><body>
<h2 align='center' >学生注册表单</h2>
<form action="form2Accept.php" method="post">
<table border='1' align='center' >
<tr><td>姓名</td><td><input type='text' name='studname' size='20'></td></tr>
<tr><td>学号</td><td><input type='text' name='studno' size='20'></td></tr>
<tr><td>性别</td><td><input type='radio' name='gender'  value="男">男
<input type='radio' name='gender'  value="女">女</td></tr>
<tr>
<th>学校名称</th>
<td><input type='text' name='schoolname' size='20' maxlength='50'></td></tr>
<tr>
<th>所在学业院（系）</th>
<td>
<select name='deptname'>
<OPTION >机械与运载工程学院</OPTION>
<OPTION>电气与信息工程学院</OPTION>
<OPTION>材料科学与工程学院</OPTION>
<OPTION >信息科学与工程学院</OPTION>
<OPTION >建筑学院</OPTION>
<OPTION >环境科学与工程学院</OPTION>
<OPTION >土木工程学院</OPTION>
<OPTION >设计艺术学院</OPTION>
<OPTION >化学化工学院</OPTION>
<OPTION >生物学院</OPTION>
<OPTION >数学与计量经济学院</OPTION>
<OPTION >物理与微电子科学学院</OPTION>
<OPTION >经济与贸易学院</OPTION>
<OPTION >金融与统计学院</OPTION>
<OPTION >工商管理学院</OPTION>
<OPTION >法学院（政治与公共管理学院）</OPTION>
<OPTION>马克思主义学院</OPTION>
<OPTION >新闻传播与影视艺术学院</OPTION>
<OPTION >教育科学研究院</OPTION>
<OPTION >体育学院</OPTION>
<OPTION>中国语言文学学院</OPTION>
<OPTION >岳麓书院</OPTION>
<OPTION >外国语学院</OPTION>
<OPTION >国家高效磨削工程技术研究中心</OPTION>
<OPTION >汽车车身先进设计制造国家重点实验室</OPTION>
<OPTION >化学生物传感与计量学国家重点实验室</OPTION>
<OPTION >经济与管理研究中心</OPTION>
</select>
```

```
</td>
</tr>
<tr><td>专业</td><td>
<select name="zy">
<option value="计算机">计算机</option>
<option value="通信">通信</option>
<option value="土木工程">土木工程</option>
<option value="设计艺术">设计艺术</option>
</select>
</td></tr>
<tr><td>少数民族</td><td><input type='checkbox' name='mz'  value="少数">是否少数民
族</td></tr>
<tr><td>中共党员</td><td><input type='checkbox' name='party'  value="中共党员">是
否中共党员</td></tr>
<tr><td colspan='2'>学习与工作经历：</td></tr>
<tr><td  colspan='2'><textarea  name="studyworkhistory"  rows="6"  cols="62">
</textarea></td></tr>
<tr><td colspan='2'align='center'><input type='submit' value='提交'></td></tr>
</table></form></body></html>
```

form2Accept.php 接收数据的代码文件

```php
<html><head><title>接收学生的注册数据</title>
<meta http-equiv="content-type" content="text/html;charset=utf-8">
</head><body>
<?php
    $studname=$_POST["studname"];
    $studno=$_POST["studno"];
    $gender=$_POST["gender"];
    $schoolname=$_POST["schoolname"];
    $deptname=$_POST["deptname"];
    $zy=$_POST["zy"];
    $mz="汉族";
    if (isset($_POST["mz"]))    {         $mz=$_POST["mz"];        }
    $party="非中共党员";
    if (isset($_POST["party"]))    {         $party=$_POST["party"];    }
    $studyworkhistory=$_POST["studyworkhistory"];
    //显示结果
    $n=9;
    $stud=array($n);
    $stud["studname"]=$studname;
    $stud["studno"]=$studno;
    $stud["gender"]=$gender;
    $stud["schoolname"]=$schoolname;
    $stud["deptname"]=$deptname;
    $stud["zy"]=$zy;
    $stud["mz"]=$mz;
    $stud["party"]=$party;
    $stud["studyworkhistory"]=$studyworkhistory;
    //显示数组的值
    $dispMsg="<table border='1' align='center'>";
    foreach($stud as $key=>$val)
```

```
        {
            $dispMsg=$dispMsg."<tr><th>".$key."</th><td>".$val."</td></tr>";
        }
    $dispMsg=$dispMsg."</table>";
    //echo $dispMsg;
    //生成 INSERT 语句，将客户端提交过来的 UFT-8 码转换为 GB2312
    $studname=iconv('utf-8', 'GB2312//IGNORE', $studname);
    $studno=iconv('utf-8', 'GB2312//IGNORE', $studno);
    $gender=iconv('utf-8', 'GB2312//IGNORE', $gender);
    $schoolname=iconv('utf-8', 'GB2312//IGNORE', $schoolname);
    $deptname=iconv('utf-8', 'GB2312//IGNORE', $deptname);
    $zy=iconv('utf-8', 'GB2312//IGNORE', $zy);
    $mz=iconv('utf-8', 'GB2312//IGNORE', $mz);
    $party=iconv('utf-8', 'GB2312//IGNORE', $party);
    $studyworkhistory=iconv('utf-8', 'GB2312//IGNORE', $studyworkhistory);
    //生成 SQL 语句，注意字符串要用单撇括起来
    $stmt="INSERT INTO studpassword (studname,studno,gender,schoolname,deptname,
zy,mz,party,studyworkhistory) values ('$studname','$studno','$gender','$schoolname',
'$deptname', '$zy', '$mz', '$party', '$studyworkhistory')";
    //echo $stmt;
    //连接数据库系统
    $serverName = "localhost"; //数据库服务器地址
    $uid = "php2015"; //数据库用户名
    $pwd = "123456"; //数据库密码
    $db="stud2015";
    $connectionInfo = array("UID"=>$uid, "PWD"=>$pwd, "Database"=>$db);
    $conn = sqlsrv_connect( $serverName, $connectionInfo);
    if($conn == false)
    {
        echo "连接失败! ";
        die( print_r( sqlsrv_errors(),  true));
    }
    $query = sqlsrv_query($conn, $stmt);
    if ($query==false)
    {
        echo "插入数据不成功! ";
        die(print_r(sqlsrv_errors(), true));
    }
    else
    {   echo "成功插入如下数据<br>".$dispMsg;    }
    ?>
</body></html>
```

7.5.4　修改数据表中的记录

【例 7.27】读取 studpassword 表中某条记录并对其进行修改。

参照 form3.php 建立如图 7-21 所示的表单 form4.php，用户选择字段名，选择比较符，输入查询值，单击查询后，将这三个数据发送到 form4Accept.php，接收到这些数据后，从指定的数据表

中获取相关数据的首条记录，然后以 form2.php 的风格显示出来。如图 7-22 所示。

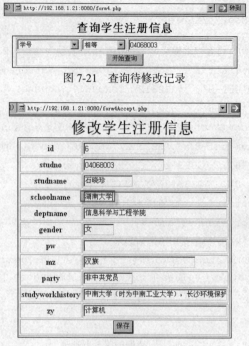

图 7-21 查询待修改记录

图 7-22 待修改数据

修改其中数据以后，如"湖南大学"换成"中南大学"后，再单击"保存"，显示保存成功，重新访问 form4.php 发现确实已经修改，如图 7-23 所示。

图 7-23 保存修改后的数据

查一改一存三个步骤实现修改，这里涉及三个页面，其代码与前面的代码非常类似。

form4.php 输入查询线索

```
<html><head>
<title>php 的表单例题 4</title>
<meta  http-equiv="content-type" content="text/html;charset=utf-8">
</head><body>
<h2 align='center' >查询学生注册信息</h2>
<form action="form4Accept.php" method="post">
<table border='1' align='center' >
<tr>
<td>
<select name="fieldName">
<option value='studno'>学号</option>
<option value='studname'>姓名</option>
<option value='gender'>性别</option>
<option value='schoolname'>学校名称</option>
<option value='deptname'>所在学业院（系）</option>
```

```
<option value='zy'>专业</option>
<option value='mz'>少数民族</option>
<option value='studyworkhistory'>学习与工作经历</option>
</select>
</td>
<td>
<select name="cmpstr">
<option value='='>相等</option>
<option value='<>'>不相等</option>
<option value='ks'>以此开始</option>
<option value='js'>以此结束</option>
<option value='bh'>含有此字符</option>
</select>
</td>
<td>
<input type='text' size='30' maxlength='60' name='cmpval'>
</td>
</tr>
<tr>
<td colspan='3' style='text-align: center;'>
<input type='submit' value='开始查询'>
</td>
</tr>
</table></form></body></html>
```

    form4Accept.php 读取指定数据，与查询界面类似，不同之处是将数据放到编辑控件中，类似于 form2.php，它是查询与新增记录的混合体。

```
<html><head><title>查询注册数据并修改</title>
<meta http-equiv="content-type" content="text/html;charset=utf-8">
</head><body>
<?php
  $fieldName=$_POST["fieldName"];
  $cmpstr=$_POST["cmpstr"];
  $cmpval=$_POST["cmpval"];
  //转换数据库中的编码方式
  $cmpval=iconv('utf-8', 'GB2312//IGNORE', $cmpval);
  //查询数据
  $stmt="SELECT top 1 * FROM studpassword WHERE ";
  if ($cmpstr=="=")
  {
  $stmt.=" $fieldName='$cmpval' order by id";
  }
  else if ($cmpstr=="<>")
  {
  $stmt.=" $fieldName<>'$cmpval' order by id";
  }
  else if ($cmpstr=="ks")
  {
  $stmt.=" $fieldName  LIKE '$cmpval%' order by id";
  }
  else if ($cmpstr=="js")
  {
```

```php
    $stmt.=" $fieldName  LIKE '%$cmpval' order by id";
    }
    else if ($cmpstr=="bh")
    {
    $stmt.=" $fieldName  LIKE '%$cmpval%' order by id";
    }
$serverName = "localhost"; //数据库服务器地址
$uid = "php2015"; //数据库用户名
$pwd = "123456"; //数据库密码
$db="stud2015";
$connectionInfo = array("UID"=>$uid, "PWD"=>$pwd, "Database"=>$db);
$conn = sqlsrv_connect( $serverName, $connectionInfo);
if($conn == false)
{
        echo "连接失败！";
        die( print_r( sqlsrv_errors(),  true));
}
$query = sqlsrv_query($conn, $stmt);
$has_rows=sqlsrv_has_rows($query);
$dispMsg="";
$i=0;
$field_num=0;
if ($has_rows){
        $field_num=sqlsrv_num_fields($query);
        $field_arr=sqlsrv_field_metadata($query);
        $dispMsg="<h1 align='center'>修改学生注册信息</h1>";
        $dispMsg.="<form action='form4NextAccept.php' method='post'>";
        $dispMsg.="<table border='1' align='center'>";
        //显示首条记录
        while($row = sqlsrv_fetch_array($query))
        {
                for ($i=0;$i<$field_num;$i++){
                    $dispMsg.="<tr>";
                    $col_arr=$field_arr[$i];//字段 i 的基本信息
                    $msize=$col_arr["Size"];//宽度
                    $fieldName=$col_arr["Name"];
                    $dispMsg.="<th>".$col_arr["Name"]."</th>";
                    //将数据库 GB2312 的数据转换为 UTF-8 格式
                    $tmpstr=iconv('GB2312', 'UTF-8', $row[$i]);
                    //字段值放到控件 value 中，字段名放到控件 name 中，宽度到 size 中
                    if ($msize>=40)
                    {
                        $dispMsg.="<td><input        type='text'        size='40'
maxlength='$msize' value='$tmpstr' name='$fieldName'></td>";
                    }
                    else
                    {
                        if (($col_arr["Name"]=="id")||($col_arr["Name"]=="studno"))
                        {
                            $dispMsg.="<td><input   type='text'   size='$msize'
maxlength='$msize' value='$tmpstr'  name='$fieldName' readonly></td>";
                        }
```

```
                                    else
                                    {
                                        $dispMsg.="<td><input  type='text'  size='$msize'
maxlength='$msize' value='$tmpstr'  name='$fieldName'></td>";
                                    }
                                }
                                $dispMsg.="</tr>";
                        }
                        $dispMsg.="<tr><td colspan='2' align='center'><input type='submit'
value='保存'></td></tr>";
                }
                $dispMsg.="</table></form>";
                echo $dispMsg;
        }
        else {echo "没有数据! ";}
        sqlsrv_close($conn);
    ?>
    </body></html>
```

form4NextAccept.php 是保存修改以后的数据，生成 UPDATE 语句并执行之。

```
<html>
<head>
<title>接收学生的注册数据</title>
<meta http-equiv="content-type" content="text/html;charset=utf-8">
</head>
<body>
<?php
    $id=$_POST["id"];
    $studname=$_POST["studname"];
    $studno=$_POST["studno"];
    $gender=$_POST["gender"];
    $schoolname=$_POST["schoolname"];
    $deptname=$_POST["deptname"];
    $zy=$_POST["zy"];
    $mz=$_POST["mz"];
    $party=$_POST["party"];
    $studyworkhistory=$_POST["studyworkhistory"];

$studname=iconv('utf-8', 'GB2312//IGNORE', $studname);

$studno=iconv('utf-8', 'GB2312//IGNORE', $studno);

$gender=iconv('utf-8', 'GB2312//IGNORE', $gender);

$schoolname=iconv('utf-8', 'GB2312//IGNORE', $schoolname);

$deptname=iconv('utf-8', 'GB2312//IGNORE', $deptname);

$zy=iconv('utf-8', 'GB2312//IGNORE', $zy);

$mz=iconv('utf-8', 'GB2312//IGNORE', $mz);

$party=iconv('utf-8', 'GB2312//IGNORE', $party);

$studyworkhistory=iconv('utf-8', 'GB2312//IGNORE', $studyworkhistory);

    //生成 SQL 语句，注意字符串要用单撇括起来

    $stmt="UPDATE   studpassword  SET  studname='$studname' , gender='$gender' ,
schoolname='$schoolname', deptname='$deptname', zy='$zy', mz='$mz', party='$party',
studyworkhistory='$studyworkhistory' WHERE id=$id";

    //连接数据库系统

    $serverName = "localhost"; //数据库服务器地址
```

```
$uid = "php2015"; //数据库用户名
$pwd = "123456"; //数据库密码
$db="stud2015";
$connectionInfo = array("UID"=>$uid, "PWD"=>$pwd, "Database"=>$db);
$conn = sqlsrv_connect( $serverName, $connectionInfo);
if($conn == false)
{
    echo "连接失败! ";
    die( print_r( sqlsrv_errors(),  true));
}
$query = sqlsrv_query($conn, $stmt);
if ($query==false)
{
    echo "修改数据不成功! ";
    die(print_r(sqlsrv_errors(), true));
}
else
{
    echo "成功修改数据，请返回重新查询确认<br>";
    sqlsrv_close($conn);
}
?>
</body></html>
```

7.5.5　删除数据表的记录

对数据表的操作主要是：查询、增加、修改、删除，前面各例给出查询记录、增加记录、修改记录，还缺删除记录。删除记录是"查询"与"修改"的混合体，如图 7-24 所示，可分成三步：查、看、删除。

"查"与"查询、增加、修改"是完全一样。

"看"界面中，与"改"一样，但"保存"换成"删除此记录"。

"删"与"修改"的保存页面简单，只要获取字段 id 的值，不需要进行格式转换，直接生成"DELETE studpassword where id=$id"，其他的代码与"修改"一样。如图 7-25 和图 7-26 所示。

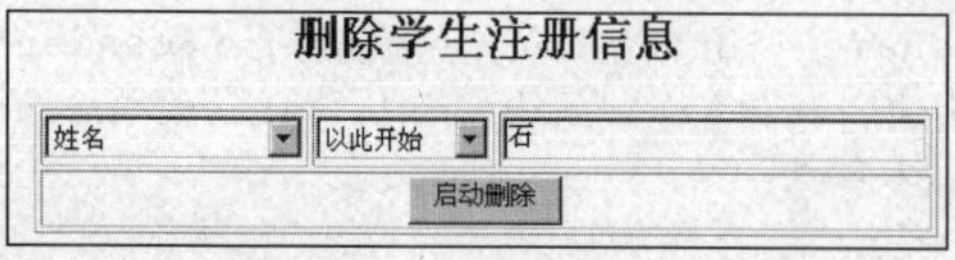

图 7-24　查询删除学生

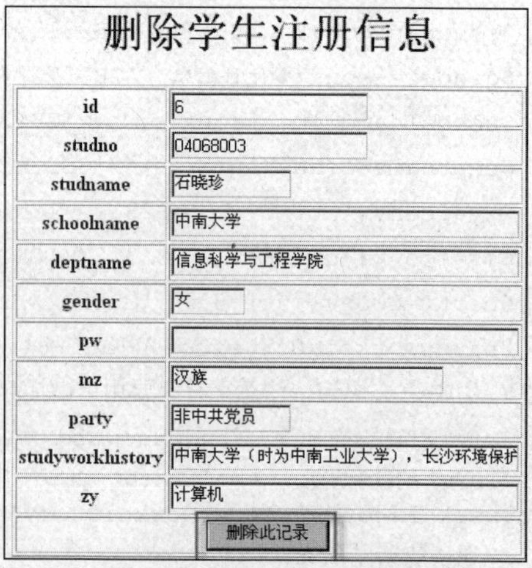

图 7-25　显示待删除数据

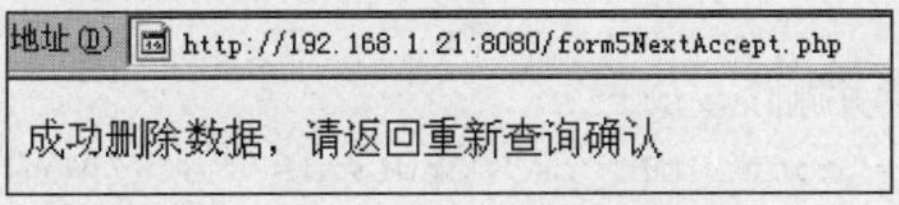

地址(①) http://192.168.1.21:8080/form5NextAccept.php

成功删除数据,请返回重新查询确认

图 7-26 显示删除操作的结果

【例 7.28】删除 studpassword 表中某条记录。

```
form5.php
    <html><head><title>php 的表单例题 5</title>
    <meta  http-equiv="content-type" content="text/html;charset=utf-8">
    </head><body>
    <h2 align='center' >删除学生注册信息</h2>
    <form action="form5Accept.php" method="post">
    <table border='1' align='center' >
    <tr>
    <td>
    <select name="fieldName">
    <option value='studno'>学号</option>
    <option value='studname'>姓名</option>
    <option value='gender'>性别</option>
    <option value='schoolname'>学校名称</option>
    <option value='deptname'>所在学业院(系)</option>
    <option value='zy'>专业</option>
    <option value='mz'>少数民族</option>
    <option value='studyworkhistory'>学习与工作经历</option>
    </select>
    </td>
    <td>
    <select name="cmpstr">
    <option value='='>相等</option>
    <option value='<>'>不相等</option>
    <option value='ks'>以此开始</option>
    <option value='js'>以此结束</option>
    <option value='bh'>含有此字符</option>
    </select>
    </td>
    <td>
    <input type='text' size='30' maxlength='60' name='cmpval'>
    </td>
    </tr>
    <tr>
    <td colspan='3' style='text-align: center;'>
    <input type='submit' value='启动删除'>
    </td>
    </tr>
    </table></form></body></html>


form5Accept.php
    <!--  form5Accept.php -->
    <html>
```

```
    <head>
    <title>查询注册数据并删除</title>
    <meta http-equiv="content-type" content="text/html;charset=utf-8">
    </head>
    <body>
    <?php
        $fieldName=$_POST["fieldName"];
        $cmpstr=$_POST["cmpstr"];
        $cmpval=$_POST["cmpval"];
        //转换数据库中的编码方式
        $cmpval=iconv('utf-8', 'GB2312//IGNORE', $cmpval);
        //查询数据
        $stmt="SELECT top 1 * FROM studpassword WHERE ";
        if ($cmpstr=="=")
        {
        $stmt.=" $fieldName='$cmpval' order by id";
        }
        else if ($cmpstr=="<>")
        {
        $stmt.=" $fieldName<>'$cmpval' order by id";
        }
    else if ($cmpstr=="ks")
    {
        $stmt.=" $fieldName LIKE '$cmpval%' order by id";
        }
        else if ($cmpstr=="js")
        {
        $stmt.=" $fieldName LIKE '%$cmpval' order by id";
        }
        else if ($cmpstr=="bh")
        {
        $stmt.=" $fieldName LIKE '%$cmpval%' order by id";
        }
$serverName = "localhost"; //数据库服务器地址
$uid = "php2015"; //数据库用户名
$pwd = "123456"; //数据库密码
$db="stud2015";
$connectionInfo = array("UID"=>$uid, "PWD"=>$pwd, "Database"=>$db);
$conn = sqlsrv_connect( $serverName, $connectionInfo);
if($conn == false)
{
        echo "连接失败! ";
        die( print_r( sqlsrv_errors(), true));
}
$query = sqlsrv_query($conn, $stmt);
$has_rows=sqlsrv_has_rows($query);
$dispMsg="";
$i=0;
$field_num=0;
if ($has_rows){
    $field_num=sqlsrv_num_fields($query);
    $field_arr=sqlsrv_field_metadata($query);
```

```php
$dispMsg="<h1 align='center'>删除学生注册信息</h1>";
$dispMsg.="<form action='form5NextAccept.php' method='post'>";
$dispMsg.="<table border='1' align='center'>";
//显示首条记录
while($row = sqlsrv_fetch_array($query))
{
    for ($i=0;$i<$field_num;$i++){
        $dispMsg.="<tr>";
        $col_arr=$field_arr[$i];//字段 i 的基本信息
        $msize=$col_arr["Size"];//宽度
        $fieldName=$col_arr["Name"];
        $dispMsg.="<th>".$col_arr["Name"]."</th>";
        //将数据库 GB2312 的数据转换为 UTF-8 格式
        $tmpstr=iconv('GB2312', 'UTF-8', $row[$i]);
        if ($msize>=40)
        {
            $dispMsg.="<td><input        type='text'        size='40'
maxlength='$msize' value='$tmpstr' name='$fieldName'></td>";
        }
        else
        {
            if
(($col_arr["Name"]=="id")||($col_arr["Name"]=="studno"))
            {
                $dispMsg.="<td><input    type='text'    size='$msize'
maxlength='$msize' value='$tmpstr' name='$fieldName' readonly></td>";
            }
            else
            {
                $dispMsg.="<td><input    type='text'    size='$msize'
maxlength='$msize' value='$tmpstr' name='$fieldName'></td>";
            }
        }
        $dispMsg.="</tr>";
    }
    $dispMsg.="<tr><td colspan='2' align='center'><input type='submit'
value='删除此记录'></td></tr>";
}
$dispMsg.="</table></form>";
echo $dispMsg;
}
else {echo "没有数据! ";}
sqlsrv_close($conn);
?>
</body></html>
```

form5NextAccept.php

```php
<html><head><title>删除学生的注册数据</title>
<meta http-equiv="content-type" content="text/html;charset=utf-8">
</head><body>
<?php
    $id=$_POST["id"];
//删除学生的注册数据
```

```
$stmt="DELETE studpassword  WHERE id=$id";
//echo $stmt;
//连接数据库系统

$serverName = "localhost"; //数据库服务器地址

$uid = "php2015"; //数据库用户名

$pwd = "123456"; //数据库密码

$db="stud2015";

$connectionInfo = array("UID"=>$uid, "PWD"=>$pwd, "Database"=>$db);

$conn = sqlsrv_connect( $serverName, $connectionInfo);

if($conn == false)
{
    echo "连接失败! ";
    die( print_r( sqlsrv_errors(), true));
}
$query = sqlsrv_query($conn, $stmt);

if ($query==false)
{
    echo "删除数据不成功! ";
    die(print_r(sqlsrv_errors(), true));
}
else
{
    echo "成功删除数据, 请返回重新查询确认<br>";
    sqlsrv_close($conn);
}
?>
</body></html>
```

7.6　综合实例

7.6.1　需求分析

在前面内容中我们掌握了分解动作，可以增加、修改、删除、查询数据表中数据，但要形成一个系统，还需要增加"登录"功能，登录成功后可实施增加、修改、删除、查询、统计等操作，为了便于用户操作需将这些功能以某种方式显示出来，这个页面称为主页面，还要提供修改密码功能，这样一个简单的管理系统基本形成。

7.6.2　登录

登录是我们熟悉的操作，上 QQ 或教务系统都要输入 QQ 号或学号（称为账号）、密码，有些系统还要输入生长在"杂草"中的校验码（是为了避免自动登录，如自动抢票软件）。

单击"登录"后将用户名与密码发送到接收页面，接收页面从 studpassword 表中读取该用户的密码。

如果该用户不存在，或者密码不对则返回重新登录，如果密码正确则进入主页，如图 7-27～图 7-31 所示。

图 7-27　登录界面 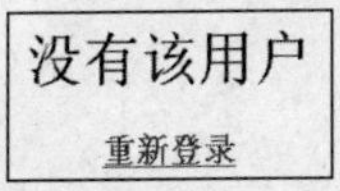　　　　图 7-28　用户不存在 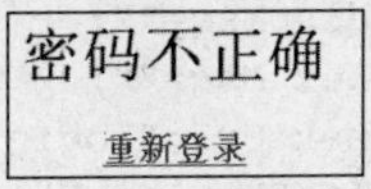　　　　图 7-29　密码为初始值

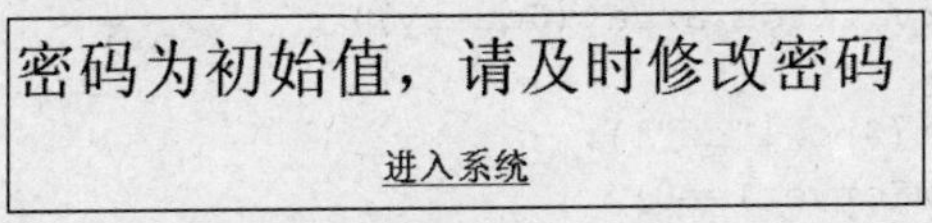

密码为初始值，请及时修改密码

进入系统

密码正确

进入系统

图 7-30　密码为初始值 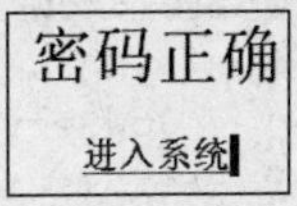　　　　　　　　图 7-31　密码正确

```
login.htm
    <html><head><title>登录</title>
    <meta http-equiv="content-type" content="text/html;charset=utf-8">
    </head><body>
    <h2 align='center' >登录</h2>
    <form action="loginAccept.php" method="post">
    <table border='1' align='center' >
    <tr><th>用户名</th><td><input type='text' name='studno' size='20'></td>
    </tr>
    <tr><th> 密   码 </th><td><input type='password' name='pw' size='20'>
</td>
    </tr>
    <tr><td colspan='2' style='text-align: center;'>
    <input type='submit' value=' 登 录 ' style='font-size : 24;font-weight :
bolder;'></td>
    </tr></table></form></body></html>


loginAccept.php
    <!-- loginAccept.php -->
    <html><head><title>验明身份</title>
    <meta http-equiv="content-type" content="text/html;charset=utf-8">
    </head><body>
    <?php
        $studno=$_POST["studno"];
        $pw=$_POST["pw"];
        //查询数据
        $stmt="SELECT top 1 * FROM studpassword WHERE studno='$studno'";
        $serverName = "localhost"; //数据库服务器地址
        $uid = "php2015"; //数据库用户名
        $pwd = "123456"; //数据库密码
        $db="stud2015";
        $connectionInfo = array("UID"=>$uid, "PWD"=>$pwd, "Database"=>$db);
        $conn = sqlsrv_connect($serverName, $connectionInfo);
        if($conn == false)
        {
            echo "连接失败! ";
            die( print_r( sqlsrv_errors(),  true));
        }
```

```
        $query = sqlsrv_query($conn, $stmt);
        $has_rows=sqlsrv_has_rows($query);
        $dispMsg="";
        $nextMsg="";
        $nextUrl="login.htm";
        if ($has_rows){
                //显示首条记录
                while($row = sqlsrv_fetch_array($query))
                {
                        $pwServer=trim($row["pw"]);
                        if (strlen($pwServer)==0)
                        {
                                //密码为空则是否等于用户名
                                if ($pw==$studno)
                                {
                                        $nextUrl="studMain.php";
                                        $dispMsg="密码为初始值，请及时修改密码";
                                        $nextMsg="进入系统";
                                }
                                else
                                {
                                        $nextUrl="login.htm";
                                        $dispMsg="密码不正确";
                                        $nextMsg="重新登录";
                                }
                        }
                        else
                        {
                                //密码不为空则进行比较
                                if ($pw==$pwServer)
                                {
                                        $nextUrl="studMain.php";
                                        $dispMsg="密码正确";
                                        $nextMsg="进入系统";
                                }
                                else
                                {
                                        $nextUrl="login.htm";
                                        $dispMsg="密码不正确";
                                        $nextMsg="重新登录";
                                }
                        }
                }
        }
    else {
            $nextUrl="login.htm";
            $dispMsg="没有该用户";
            $nextMsg="重新登录";
            }
        echo "<h1 align='center'>".$dispMsg."</h1>";
        echo "<h3 align='center'><a href='$nextUrl' target='_self'>$nextMsg
</a></h3>";
```

```
sqlsrv_close($conn);
?>
</body></html>
```

7.6.3 主页

从登录页面的代码可知，当用户名与密码都正确时进入 studMain.php，该页面称为主页面，也可称为调度页面，在其中显示着该系统的所有功能，就像饭店的菜单显示该店能提供的所有菜一样，其效果可能如图 7-32 所示。

图 7-32　学生主页

主页中上方的图片是在 HTML 表格放置 img 标记实现的，其内容为 <img src='images/piantou2ding.jp' width='100%' height='119'>，需建立一幅图片并放在 htdocs/images 文件夹中，119 是图片的高度，称为"通栏"图片，描述系统的名称等。

下方的红线由 <hr align="center" size="4" style="color：red"> 实现，其线厚为 4，线长为整屏的宽度，颜色为红色。

下方的菜单由 <div style="text-align：center"><a href="modipass.php" target="_blank">修改 </a> ...</div> 实现，div 是一个长方形的区域，类似于 Word 中图文框，可控制它在屏幕上的显示位置等属性。

```
<html>
<head>
<title>主页</title>
<meta http-equiv="content-type" content="text/html;charset=utf-8">
<link href="css/styleProf.css" rel="stylesheet" type="text/css" media="all">
</head>
<body>
<table border='0' align='center' width='990' ID="Table1"><tr>
<td align='center'>
<img src='images/piantou2ding.jpg' width='100%' height='119'>
</td>
</tr>
</table>
<hr align="center" size="4" style="COLOR: red">
<div style="text-align: center;">
<a href="modiPass.php" >修改密码</a> 
<a href="modiRegister.php" >修改注册信息</a> 
<a href="queryScore.php" target="_blank" >查询成绩</a> 
<a href="login.htm" >返回</a> 
<a href="#" onclick="alert('您直接点右上角 X 关闭吧')">结束</a> 
</div>
</body>
</html>
```

正常情况下是验明密码后进入主页 studMain.php，但是直接访问 studMain.php 也可进入主页，登录页面不形同虚设吗？

因此需在要 loginAccept.php 中做点功课，一旦密码正确就在某个地方做个私人标记，在访问 studMain.php 及执行主页中所列的功能时，都查验此私人标记是否存在，若不存在则拒绝访问主页及其他功能页面，从而保证登录页面能真正的验明身份。

私人标记采用会话变量，在其中保存着该帐号等个人基本信息，若没有建立会话变量则表示没有标记。

会话变量仅在用户登录时身份合法时建立，在其他页面只判断是否已经建立，该变量的值在离开该网站时会失效，这些信息保存在服务端。保存在客户端则采用 Cookie，但由于客户端可能被禁止，不建议采用 Cookie。

（1）由 session_start() 建立会话文件，同步生成唯一代码，在该文件中可保存系列数据。

（2）$_SESSION["键名"]=键值。保存数据，一般只保存登录信息等简单信息。

（3）变量名=@$_SESSION["键名"]，访问会话文件中的值。

修改 loginAccept.php 页面中，将以下两句：

```
echo "<h1 align='center'>".$dispMsg."</h1>";
echo "<h3 align='center'><a href='$nextUrl' target='_self'>$nextMsg</a></h3>";
```

换成：

```
if ($nextUrl=="login.htm") //如果返回话直接回了
{
echo "<h1 align='center'>".$dispMsg."</h1>";
echo "<h3 align='center'><a href='$nextUrl' target='_self'>$nextMsg</a></h3>";
}
else
{    //如果不返回则
//创建会话变量，保存其姓名、学号、记录号
session_start();
//由于数据表中是 GB2312，而显示页面是 UTF-8，故以下变量要转换
$_SESSION["id"]=iconv("GB2312", "utf-8", $id);
$_SESSION["studno"]=$studno;
$_SESSION["studname"]=iconv("GB2312", "utf-8", $studname);
//直接跳转
//header("Location: $nextUrl");
//exit; //如果没有以下语句，请放出此句话
//延迟+人工备选跳转
header("Refresh: 3;url=$nextUrl");
echo "<h1 align='center'>".$dispMsg."</h1>";
echo "<h3 align='center'>若 3 秒钟没有自动跳转，请单击 <a href='$nextUrl'
target='_self'>$nextMsg</a></h3>";
}
```

在主页 studMain.php 中的</body>之前增加如下代码，获取会话变量的值，如果没有值则跳转到登录页面，如果存在则给出欢迎词。

```
<?php
session_start();
$id=@$_SESSION["id"];
$studno=@$_SESSION["studno"];
```

```
$studname=@$_SESSION["studname"];
header("Content-Type: text/html;charset=utf-8");
if ($id)//存在表示通过身份验证，则显示欢迎词
{
        echo  "<h1  style='color :  red;text-align :  center;'> 欢 迎 您 :
$studname($studno)</h1>";
        echo "<h2 style='color: blue;text-align: center;font-weight: bolder;'>如有
困难请联系130×××2216杨老师</h2>";
    }
    else
    {
        header("Refresh: 3;url=login.htm");
        echo "<h1 align='center'>您没有登录或在线时间太长</h1>";
        echo "<h3 align='center'> 若 3 秒钟没有自动跳转登录页面， 请  <a
href='login.htm' target='_self'>登录</a></h3>";
    }
    ?>
```

7.6.4　修改密码

修改密码如图 7-33 所示，输入原密码、新密码、确认密码，单击"修改"将新密码、旧密码提供到服务器，根据会话变量中的信息，生成 UPDATE 语句以保存。

与"修改数据表中的记录"相比，少了输入查询线索、少了从数据库提取数据的步骤，与"增加数据表的记录"相比，只输入 3 个值，服务端不生成增加数据的 INSERT 语句，而是生成 UPDATE 语句。

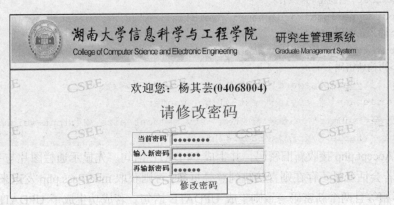

图 7-33　修改密码

modiPass.php 的最前面，需获取会话变量的值，如果没给会变量赋值跳转到登录页面，同时将记录号保存在隐藏变量中，从而保证密码修改不会因为会话失效而失败。

```
<html><head><title>修改密码</title>
<meta  http-equiv="content-type" content="text/html;charset=utf-8">
<link href="css/styleProf.css"  rel="stylesheet" type="text/css" media="all">
</head>
<body>
<table border='0' align='center' width='990' ID="Table1"><tr>
<td align='center'><img src='images/piantou2ding.jpg' width='100%' height='119'>
</td></tr></table>
```

```
<hr align="center" size="4" style="COLOR: red">
<form action="modiPassAccept.php" method="post">
<?php
session_start();
$id=@$_SESSION["id"];
$studno=@$_SESSION["studno"];
$studname=@$_SESSION["studname"];
header("Content-Type: text/html;charset=utf-8");
if ($id)
{
        echo "<h2 style='color : blue;text-align : center;'>欢迎您：
$studname($studno)</h2>";
        echo "<h1 style='color: red;text-align: center;font-weight: bolder;'>请修
改密码</h1>";
        //记录号以隐藏变量的形式出现
        echo "<input type='hidden' name='id' value='$id'>";
}
else
{
        header("Refresh: 3;url=login.htm");
        echo "<h1 align='center'>您没有登录或在线时间太长</h1>";
        echo "<h3 align='center'>若 3 秒钟没有自动跳转登录页面，请  <a
href='login.htm' target='_self'>登录</a></h3>";
}
?>
<table border='1' align='center' >
<tr><th> 当前密码</th>
<td><input type='password' name='pwold' size='20'></td></tr>
<tr><th>输入新密码</th>
<td><input type='password' name='pw1' size='20'></td></tr>
<tr><th>再输新密码</th>
<td><input type='password' name='pw2' size='20'></td></tr>
<tr><td colspan='2' style='text-align: center;'>
<input type='submit' value='修改密码' style='font-size: 24;font-weight: bolder;'>
</td></tr></table></form></body></html>
```

modiPassAccept.php 接收新旧密码，并生成 UPDATE 语句。先显示通栏图片与一条红线，获取会话变量，若会话变量不存在则直接跳到登录页面，否则获取 modiPass.php 发送来的新旧密码，若新旧密码不相等且两个新密码一致则生成 UPDATE 语句。若成功生成了 UPDATE 语句则连接数据库、执行修改密码的 UPDATE 语句。最后显示操作结果，延迟跳转到相关页面中。

```
<html><head><title>保存密码</title>
<meta http-equiv="content-type" content="text/html;charset=utf-8">
<link        href="css/styleProf.css"        rel="stylesheet"        type="text/css"
media="all"></head>
<body>
<table border='0' align='center' width='990' ID="Table1">
<tr><td align='center'>
<img src='images/piantou2ding.jpg' width='100%' height='119'>
</td></tr></table>
<hr align="center" size="4" style="COLOR: red">
<?php
```

```php
$errMsg="";
$nextUrl="";
$nextMsg="";
$stmt="";
$id=$_POST["id"]; //客户端已经将记录号保存在隐藏变量中
$pwold=$_POST["pwold"];
$pw1=$_POST["pw1"];
$pw2=$_POST["pw2"];
//将客户端提交过来的 UFT-8 码转换为 GB2312
$pwold=iconv('utf-8', 'GB2312//IGNORE', $pwold);
$pw1=iconv('utf-8', 'GB2312//IGNORE', $pw1);
$pw2=iconv('utf-8', 'GB2312//IGNORE', $pw2);
//生成 SQL 语句，注意字符串要用单撇括起来
if ($pwold!=$pw1)
{
    if ($pw1==$pw2)
    {
        $stmt="UPDATE  studpassword SET pw='$pw1' WHERE id=$id ";
    }
    else
    {
        $errMsg="两个新密码不一样，请重新输入";
        $nextUrl="modiPass.php";
        $nextMsg="重新输入";
    }
}
else
{
    $errMsg="当前密码与刚输入的新密码相同，不必修改";
    $nextUrl="login.htm";
    $nextMsg="返回";
}
if (strlen($stmt)>0)
{
    //连接数据库系统
    $serverName = "localhost"; //数据库服务器地址
    $uid = "php2015"; //数据库用户名
    $pwd = "123456"; //数据库密码
    $db="stud2015";
    $connectionInfo = array("UID"=>$uid, "PWD"=>$pwd, "Database"=>$db);
    $conn = sqlsrv_connect( $serverName, $connectionInfo);
    if($conn == false)
    {
        $errMsg="连接失败! ".sqlsrv_errors();
        $nextUrl="login.htm";
        $nextMsg="返回";
    }
    $query = sqlsrv_query($conn, $stmt);
    if ($query==false)
    {
```

```
        $errMsg="修改密码不成功！".sqlsrv_errors();
        $nextUrl="login.htm";
        $nextMsg="返回";
    }
    else
    {
        $errMsg="成功修改密码，请返回重新查询确认 ";
        $nextUrl="login.htm";
        $nextMsg="返回";
        sqlsrv_close($conn);
    }
}
//显示操作结果
echo "<h1 style='text-align: center;color: red'>$errMsg</h1>";
header("Refresh: 3;url=$nextUrl");
echo "<h3 align='center'>若 3 秒钟没有自动跳转登录页面，请 <a href='$nextUrl'
target='_self'>$nextMsg</a></h3>";
    ?>
</body></html>
```

7.6.5 修改注册信息

与"修改数据表的记录"相比，不需要输入获取数据的查询线索，与 form4Accept.php 相比，直接根据会话变量中记录号 id 的值读取数据表中数据，form4NextAccept.htm 一样保存数据。

```
modiRegister.php:
    <html><head><title>修改学生注册信息</title>
    <meta http-equiv="content-type" content="text/html;charset=utf-8">
    <link href="css/styleProf.css" rel="stylesheet" type="text/css" media="all">
</head>
    <body>
    <table border='0' align='center' width='990' ID="Table1"><tr>
    <td align='center'><img src='images/piantou2ding.jpg' width='100%' height=
'119'></td>
    </tr></table>
    <hr align="center" size="4" style="COLOR: red">
    <?php
    session_start();
    $id=@$_SESSION["id"];
    $errMsg="";
        $nextUrl="";
        $nextMsg="";
        $stmt="";
    if ($id)
    {
        $stmt="SELECT top 1 * FROM studpassword WHERE id=$id";
        $serverName = "localhost"; //数据库服务器地址
        $uid = "php2015"; //数据库用户名
        $pwd = "123456"; //数据库密码
        $db="stud2015";
        $connectionInfo = array("UID"=>$uid, "PWD"=>$pwd, "Database"=>$db);
        $conn = sqlsrv_connect( $serverName, $connectionInfo);
```

```php
          if($conn == false)
          {
                  $errMsg="连接失败！".sqlsrv_errors();
                  $nextUrl="login.htm";
                  $nextMsg="登录";
          }
          else
          {
                  $query = sqlsrv_query($conn, $stmt);
                  $has_rows=sqlsrv_has_rows($query);
                  $dispMsg="";
                  $i=0;
                  $field_num=0;
                  if ($has_rows){
                          $field_num=sqlsrv_num_fields($query);
                          $field_arr=sqlsrv_field_metadata($query);
                          $dispMsg="<h1 align='center'>修改学生注册信息</h1>";
                          $dispMsg.="<form            action='modiRegisterAccept.php'
method='post'>";
                          $dispMsg.="<table border='1' align='center'>";
                          //显示首条记录
                          while($row = sqlsrv_fetch_array($query))
                          {
                                  for ($i=0;$i<$field_num;$i++){
                                          $dispMsg.="<tr>";
                                          $col_arr=$field_arr[$i];//字段 i 的基本信息
                                          $msize=$col_arr["Size"];//宽度
                                          $fieldName=$col_arr["Name"];
                                          $dispMsg.="<th>".$col_arr["Name"]."</th>";
                                          //将数据库 GB2312 的数据转换为 UTF-8 格式
                                          $tmpstr=trim(iconv('GB2312', 'UTF-8', $row[$i]));
                                          if  (($col_arr["Name"]=="id")||($col_arr["Name"]
=="studno")||($col_arr["Name"]=="pw"))
                                          {
                                                  $dispMsg.="<td><input           type='text'
size='$msize' maxlength='$msize' value='$tmpstr'  name='$fieldName' readonly></td>";
                                          }
                                          else{
    if ($msize>=40){
                                                  $dispMsg.="<td><input    type='text'    size='40'
maxlength='$msize' value='$tmpstr' name='$fieldName'></td>";
                                          }
                                          else
                                          {
                                          $dispMsg.="<td><input   type='text'   size='$msize'
maxlength='$msize' value='$tmpstr' name='$fieldName'></td>";
                                          }
                                          }
                                          $dispMsg.="</tr>";
                                  }
                                  $dispMsg.="<tr><td  colspan='2'  align='center'><input
type='submit' value='保存'></td></tr>";
                          }
                          $dispMsg.="</table></form>";
```

```
                echo $dispMsg;
                $errMsg="";
                $nextUrl="";
                $nextMsg="";
        }
        else{
                $errMsg="没有数据！";
                $nextUrl="login.htm";
                $nextMsg="返回";
        }
        sqlsrv_close($conn);
    }
}
else
{
    $errMsg="请重新登录，可能在线时间过长";
    $nextUrl="login.htm";
    $nextMsg="登录";
}
    //处理查询结果，如果 errMsg 长度大于 0，则出错了，需要处理
    if (strlen($errMsg)>0)
{
    echo "<h1 style='text-align: center;color: red'>$errMsg</h1>";
    header("Refresh: 3;url=$nextUrl");
    echo "<h3 align='center'>若 3 秒钟没有自动跳转登录页面，请 <a href='$nextUrl'
target='_self'>$nextMsg</a></h3>";
}
?>
</body></html>
```

保存数据 modiRegisterAccept.php，直接获取客户端提交的数据，根据记录号 id 生成 UPDATE 语句，与 form4NextAccept.php 相比，将操作结果统一到最后显示出现，达到模块化设计中统一出口的要求。

```
<html><head><title>接收学生的注册数据</title>
<meta http-equiv="content-type" content="text/html;charset=utf-8">
<link href="css/styleProf.css" rel="stylesheet" type="text/css" media="all">
</head>
<body>
<table border='0' align='center' width='990' ID="Table1"><tr>
<td align='center'>
<img src='images/piantou2ding.jpg' width='100%' height='119'>
</td></tr></table>
<hr align="center" size="4" style="COLOR: red">
<?php
$errMsg="";
$nextUrl="";
$nextMsg="";
    $id=$_POST["id"];
    $studname=$_POST["studname"];
    $studno=$_POST["studno"];
    $gender=$_POST["gender"];
    $schoolname=$_POST["schoolname"];
    $deptname=$_POST["deptname"];
```

```
    $zy=$_POST["zy"];
    $mz=$_POST["mz"];
    $party=$_POST["party"];
    $studyworkhistory=$_POST["studyworkhistory"];

//将客户端提交过来的 UFT-8 码转换为 GB2312
$studname=iconv('utf-8', 'GB2312//IGNORE', $studname);
$studno=iconv('utf-8', 'GB2312//IGNORE', $studno);
$gender=iconv('utf-8', 'GB2312//IGNORE', $gender);
$schoolname=iconv('utf-8', 'GB2312//IGNORE', $schoolname);
$deptname=iconv('utf-8', 'GB2312//IGNORE', $deptname);
$zy=iconv('utf-8', 'GB2312//IGNORE', $zy);
$mz=iconv('utf-8', 'GB2312//IGNORE', $mz);
$party=iconv('utf-8', 'GB2312//IGNORE', $party);
$studyworkhistory=iconv('utf-8', 'GB2312//IGNORE', $studyworkhistory);
//生成 SQL 语句，注意字符串要用单撇括起来
$stmt="UPDATE   studpassword   SET   studname='$studname',  gender='$gender',
schoolname='$schoolname', deptname='$deptname', zy='$zy', mz='$mz', party='$party',
studyworkhistory='$studyworkhistory' WHERE id=$id";
//echo $stmt;
//连接数据库系统
$serverName = "localhost"; //数据库服务器地址
$uid = "php2015"; //数据库用户名
$pwd = "123456"; //数据库密码
$db="stud2015";
$connectionInfo = array("UID"=>$uid, "PWD"=>$pwd, "Database"=>$db);
$conn = sqlsrv_connect( $serverName, $connectionInfo);
if($conn == false)
{
    $errMsg="连接失败! ".sqlsrv_errors();
    $nextUrl="login.htm";
    $nextMsg="返回";
}
else
{
    $query = sqlsrv_query($conn, $stmt);
    if ($query==false)
    {
        $errMsg="修改数据不成功! ".sqlsrv_errors();
        $nextUrl="login.htm";
        $nextMsg="返回";
    }
    else
    {
        sqlsrv_close($conn);
        $errMsg="成功修改数据，请返回重新查询确认";
        $nextUrl="studMain.php";
        $nextMsg="返回";
    }
```

```
}
echo "<h1 style='text-align: center;color: red'>$errMsg</h1>";
header("Refresh: 3;url=$nextUrl");
echo "<h3 align='center'>若 3 秒钟没有自动跳转登录页面，请 <a href='$nextUrl'
target='_self'>$nextMsg</a></h3>";
?>
</body></html>
```

7.6.6　查询成绩

与"查询数据表中记录"相比，不需要输入查询线索，直接根据会话变量中 studno 的值，从 studscore 表中读取该学号的数据，然后显示在表单中。

在 form3Accept.php 的基础上修改，从会话变量中获取学号 studno 的值，如果变量已经定义了，则基于学号生成查询语句，剩下代码与 form3Accept.php 一样。效果如图 7-34 所示。

图 7-34　查询成绩

```
<html><head><title>查询成绩</title>
<meta http-equiv="content-type" content="text/html;charset=utf-8">
<link href="css/styleProf.css" rel="stylesheet" type="text/css" media="all">
</head>
<body>
<table border='0' align='center' width='990' ID="Table1"><tr>
<td align='center'><img src='images/piantou2ding.jpg' width='100%' height='119'>
</td></tr></table>
<hr align="center" size="4" style="COLOR: red">
<?php
    $errMsg="";
$nextUrl="";
```

```
$nextMsg="";
session_start();
$studno=trim(@$_SESSION["studno"]);
if ($studno)
{
        //查询数据
        $stmt="SELECT * FROM studscore WHERE studno='$studno'";
        $serverName = "localhost"; //数据库服务器地址
        $uid = "php2015"; //数据库用户名
        $pwd = "123456"; //数据库密码
        $db="stud2015";
        $connectionInfo = array("UID"=>$uid, "PWD"=>$pwd, "Database"=>$db);
        $conn = sqlsrv_connect( $serverName, $connectionInfo);
        if($conn == false)
        {
                $errMsg="连接失败! ".sqlsrv_errors();
                $nextUrl="login.htm";
                $nextMsg="登录";
        }
        else
        {
                $query = sqlsrv_query($conn, $stmt);
                $has_rows=sqlsrv_has_rows($query);
                $dispMsg="";
                $i=0;
                $field_num=0;
                if ($has_rows){
                        $field_num=sqlsrv_num_fields($query);
                        $field_arr=sqlsrv_field_metadata($query);
                        $dispMsg="<table border='1' align='center'>";
                        $dispMsg.="<tr>";
                        //每个字段的名称
                        for ($i=0;$i<$field_num;$i++)
                        {
                                $col_arr=$field_arr[$i];//字段 i 的基本信息
                                $dispMsg.="<th>".$col_arr["Name"]."</th>";
                        }
                        $dispMsg.="</tr>";
                        echo $dispMsg;
                        //显示每条记录
                        while($row = sqlsrv_fetch_array($query))
                        {
                                $dispMsg="<tr>";
                                for ($i=0;$i<$field_num;$i++){
                                        //将数据库 GB2312 的数据转换为 UTF-8 格式
                                        $tmpstr=iconv('GB2312', 'UTF-8', $row[$i]);
                                        if (strlen($tmpstr)==0){$tmpstr=" ";}
                                        $dispMsg.="<td>".$tmpstr."</td>";
                                }
                                $dispMsg.="</tr>";
                                echo $dispMsg;
```

```
                        }
                        echo "</table>";
                        $errMsg="成功查询了成绩";
                        $nextUrl="";
                        $nextMsg="返回";
                    }
                    else
                    {
                        $errMsg="没有成绩! ";
                        $nextUrl="";
                        $nextMsg="返回";
                    }
                    sqlsrv_close($conn);
                }
            }
            else
            {

                $errMsg="请重新登录, 可能在线时间过长";
                $nextUrl="login.htm";
                $nextMsg="登录";
            }
            echo "<h1 style='text-align: center;color: red'>$errMsg</h1>";
            if (strlen($nextUrl)>0)
            {
                echo "<h3  align='center'><a  href='$nextUrl'  target='_self'>$nextMsg
</a></h3>";
            }
            ?></body></html>
```

7.6.7　作业上传

作业是非常重要的学习环节，"互联网+"时代的作业更多采用电子版，因此需要提供作业上传模块。

建立作业布置表 workhome，像课程中心一样，有作业名称 workname，提交作业时间 workendyear、workendmonth、workendday(年、月、日)，题面与要求 workcontent(nchar(640))，文件长度 workfilesize(float default 5)。

建立作业提交表 workhomeSubmit，字段依次有：id、studno、studname、classname、deptname、schoolname、workname、workid、submityear、submitmonth、submitday、submitip、workfilename、localfilename。

任课老师在表 workhome 中增加一条记录即布置作业。同时在 workhomesubmit 表中生成每位学生作业，采用 INSERT INTO workhomesubmit (studno，studname，classname，deptname，schoolname，workname，workid) SELECT studno，studname，classname，deptname，'作业名称'，作业序号，文件长度 FROM studpassword WHERE 本年度的学生。

在本项目中暂不考虑老师布置作业，改由手工在 workhomesubmit 添加作业。

在学生主页 studMain.php 中增加"作业"功能，单击后显示该学生已经提交、未提交的所有作业，已经提交但未过时间可以重复提交，已经过了截止时间的只能查看或未提交，提交时间读取 workhome 表中的数据来定，这样便于修改。

如图 7-35、图 7-36 所示有通栏图片与菜单，菜单中只有"结束"。

读取会话变量中学号 studno 的值，workhomesubmit 与 workhome 联合查询。

```
SELECT a.id, a.studno, a.studname, b.workname, b.workendyear, b.workendmonth,
b.workendday, a.submityear, a.submitmonth, a.submitday, a.workfilename, b.workfilesize
FROM workhomesubmit as a, workhome as b where a.studno='$studno' AND a.workid=b.id ORDER
BY a.workid
```

图 7-35　作业查询与提交的初始状态

图 7-36　作业查询与提交已经提交的状态

```
<html><head><title>学生作业</title>
<meta  http-equiv="content-type" content="text/html;charset=utf-8">
<link href="css/styleProf.css" rel="stylesheet" type="text/css" media="all">
</head>
<body>
<table border='0' align='center' width='990' ID="Table1">
<tr><td align='center'><img src='images/piantou2ding.jpg' width='100%' height=
'119'>
</td></tr></table>
<hr align="center" size="4" style="COLOR: red">
<div style="text-align: right;width: 900px;margin: auto;">
<a href="#" onclick="alert('您直接点右上角 X 关闭吧')">结束</a> 
</div>
<?php
$errMsg="";
```

```php
$nextUrl="";
$nextMsg="";
session_start();
$studno=trim(@$_SESSION["studno"]);
$studname=trim(@$_SESSION["studname"]);
header("Content-Type: text/html;charset=utf-8");
if ($studno)
{
        echo "<h1 style='color : red;text-align : center;'>欢 迎 你： $studname
($studno)</h1>";
        //生成查询语句
        $sqlstat="SELECT a.id, a.studno, a.studname, a.submitip, b.workname,
b.workendyear,b.workendmonth,b.workendday, a.submityear,a.submitmonth,a.submitday,
a.workfilename, b.workfilesize, a.localfilename FROM workhomesubmit as a, workhome as
b where a.studno='$studno' AND a.workid=b.id ORDER BY a.workid" ;
        //参考查询成绩 queryScore.php 连接数据库，执行查询语句
        $serverName = "localhost"; //数据库服务器地址
        $uid = "php2015"; //数据库用户名
        $pwd = "123456"; //数据库密码
        $db="stud2015";
        $connectionInfo = array("UID"=>$uid, "PWD"=>$pwd, "Database"=>$db);
        $conn = sqlsrv_connect( $serverName, $connectionInfo);
        if($conn == false)
        {
            $errMsg="连接失败! ".sqlsrv_errors();
            $nextUrl="login.htm";
            $nextMsg="登录";
        }
        else
        {
            $query = sqlsrv_query($conn, $sqlstat);
            $has_rows=sqlsrv_has_rows($query);
            $dispMsg="";
            $i=1;
            if ($has_rows){
                    $dispMsg="<table border='1' align='center'>";
                    $dispMsg.="<tr>";
                    //每个字段的名称
                    $dispMsg.="<th>序号</th>";
                    $dispMsg.="<th>作业名称</th>";
                    $dispMsg.="<th>截止时间</th>";
                    $dispMsg.="<th>上传地点</th>";
                    $dispMsg.="<th>上传日期</th>";
                    $dispMsg.="<th>状态</th>";
                    $dispMsg.="<th>原文件名</th>";
                    $dispMsg.="</tr>";
                    echo $dispMsg;
                    //显示每条记录
                    while($row = sqlsrv_fetch_array($query))
```

```
                    {
                        $dispMsg="<tr>";
                        $dispMsg.="<td align='center'>$i</td>";
                        $i++;
                        //
                        $tmpstr=iconv('GB2312','UTF-8',trim($row["workname"]));
                        $workname=$tmpstr;
                        if (strlen($tmpstr)==0){$tmpstr=" ";}
                        $dispMsg.="<td>".$tmpstr."</td>";
                        //
        $dispMsg.="<td>".$row["workendyear"]."-".$row["workendmonth"]."-".$row
    ["workendday"]."</td>";
                        //
                        $tmpstr=trim($row["submitip"]);
                        if (strlen($tmpstr)==0){$tmpstr=" ";}
                        $dispMsg.="<td>".$tmpstr."</td>";
                        //
                        $tmpstr=trim($row["submityear"]);
                        $studid=$row["id"];//作业表的序号
                        $workfilesize=$row["workfilesize"];
                        $upMsg="$studname($studno)的《".$workname."》";
                        if (strlen($tmpstr)>0)
                        {
                                //已经上传了
        $dispMsg.="<td>".$row["submityear"]."-".$row["submitmonth"]."-".$row
    ["submitday"]."</td>";
                                $tmpstr=trim($row["workfilename"]);
                $dispMsg.="<td><a href='$tmpstr' target='_blank'>查看</a> ";
                                $dispMsg.="<a
href='upFile.php?tablename=workhomesubmit&fileFiledname=workfilename&id=$studid&
    studno=$studno&workfilesize=$workfilesize&upMsg=".urlencode($upMsg)."'>重新提交
</a>";
                                $dispMsg.="</td>";
                        }
                        else
                        {
                                //没有上传
                                $dispMsg.="<td> </td>";
                                $dispMsg.="<td>";
                                $dispMsg.="<a
href='upFile.php?tablename=workhomesubmit&fileFiledname=workfilename&id=$studid&
    studno=$studno&workfilesize=$workfilesize&upMsg=".urlencode($upMsg)."'>提交</a>";
                                $dispMsg.="</td>";
                        }
                        $tmpstr=trim($row["localfilename"]);
                        if (strlen($tmpstr)==0){$tmpstr=" ";}
                        $dispMsg.="<td>".$tmpstr."</td>";
                        $dispMsg.="</tr>";
                        echo $dispMsg;
                }
                echo "</table>";
                $errMsg="";
                $nextUrl="";
```

```
                        $nextMsg="返回";
                }
                else
                {
                        $errMsg="没有作业! ";
                        $nextUrl="";
                        $nextMsg="返回";
                }
                sqlsrv_close($conn);
        }
        if (strlen($errMsg)>0)
        {
                echo "<h1 style='color: red;text-align: center;'>$errMsg</h1>";
        }
}
else
{
        echo "<h1 align='center'>您没有登录或在线时间太长</h1>";
        echo "<h3 align='center'>请关闭当前页面回到主页后，重新登录</h3>";
}
?>
</body></html>
```

以上代码中"查看"是由<a href='$tmpstr' target='_blank'>查看</a>实现，其中$tmpstr 中保存着文件存放地址与所在服务端的文件名，"重新提交"与"提交"是由<a href='upFile.php?tablename=workhomesubmit&fileFiledname=workfilename&id=$studid&studno=$studno&workfilesize=$workfilesize&upMsg=".urlencode($upMsg)."'>提交</a>实现，往上传页面 upFile.php 代入 workhomesubmit 的当前行的 id、学号 studno、文件长度 workfilesize、数据表名 workhomesubmit、字段名 workfilename，上传到服务器的文件保存在 htdocs/workhomesubmit/workfilename_序号_学号.扩展名，如 workfilename_3_04068004.doc，使服务器中文件命名规范，为了便于核对保存原文件名、上传时间与上传地点。

上传页面 upFile.php 接收 id 序号、学号 studno 等信息后，除显示在上传页面提醒用户外，还要设置到隐藏变量中，以发送到 upFileAccept.php 中完成上传。如图 7-37 所示。

图 7-37　上传文件

为了 PHP 能上传文件，需修改配置文件 php.ini 中参数：启用上传功能 file_uploads=On，设置上传文件时所使用的临时目录 upload_tmp_dir（如 d：\wamp\uploads），同时在 apache 之 htdocs 中建立结果文件夹（如 workhomesubmit），修改最大上传尺寸 upload_max_filesize 为 40M，即最大为 40MB（所有文件的长度之和），POST 表单发到数据的上限 post_max_size=60M（超过文件上限 upload_max_filesize），内存上限 memory_limit=256M，修改 max_input_time=180（最大解释时间为 180 秒），修改 max_execution_time 等待执行时间对上传大文件时这个时间要长点，为 3000 秒或更大。

<form enctype="multipart/form-data" action="upFileAccept.php" method="post">中 entype 是告诉服务器端是上传大量数据，不是上传简单变量的值。它接收 studHome.php 中发来的文件上传的基本参数序号 id、文件长度、提示信息、保存位置等，将这些信息设置于隐藏变量中以发送给上传接收页面 upFileAccept.php，最重要的是定义文件上传控件<input type='file' name=" size=" maxlength=">。

upFile.php 的代码如下：

```
<html><head><title>上传文件</title>
<meta http-equiv="content-type" content="text/html;charset=utf-8">
<link        href="css/styleProf.css"        rel="stylesheet"        type="text/css"
media="all"></head>
<body style='text-align: center;'>
<form enctype="multipart/form-data" method="post" action="upFileAccept.php">
<table border='0' align='center' width='990' ID="Table1"><tr>
<td align='center'><img src='images/piantou2ding.jpg' width='100%' height='119'>
</td></tr></table>
<hr align="center" size="4" style="COLOR: red">
<div style="text-align: right;width: 900px;margin-left: 0 auto; margin-right:
auto;">
<a href="#" onclick="alert('您直接点右上角 X 关闭吧')">结束</a> 
</div>
<?php
$errMsg="";
$nextUrl="";
$nextMsg="";
//不采用会话变量，总是可以操作
$id=trim($_GET["id"]);
$tablename=trim($_GET["tablename"]);
$fileFiledname=trim($_GET["fileFiledname"]);
$studno=trim($_GET["studno"]);
$workfilesize=trim($_GET["workfilesize"]);
$workfilesize=(float)$workfilesize*1024*1024;
$upMsg=trim(urldecode($_GET["upMsg"]));//现在是 UTF-8
if ($id)
{
    //
    echo "<h2 style='color: red;text-align: center;'>请上传$upMsg</h2>";
    echo "<input type='hidden' name='id' value='$id'>";
    echo "<input type='hidden' name='studno' value='$studno'>";
    echo "<input type='hidden' name='fileFiledname' value='$fileFiledname'>";
    echo "<input type='hidden' name='upMsg' value='$upMsg'>";
    echo "<input type='hidden' name='MAX_FILE_SIZE' value='$workfilesize'>";
    echo "<input type='hidden' name='tablename' value='$tablename'>";
```

```
    }
    else
    {
        echo "<h1 align='center'>您请从作业页面中点"提交"</h1>";
    }
    ?>
    <div style="text-align: center;width: 990px;margin-left: auto; margin-right:
auto;">
    <input type="file" size="75" maxlength="512" name="upfile1">
    <input type="submit" value="上传">
    </div></form></body></html>
```

以上代码中 id、studno（用户帐号）、workfilesize（文件长度）、upMsg（提示信息）、tablename（哪个表中有字段要上传）、fileFiledname（哪个字段的值要上传，其值为 URL），这对于任何上传的文件都是必需的，也是足够的，因此只要上传的调度页面如 studHome.php 中，将这些信息准备好并且以 GET 方式发送，upFile.php 不需要做任何修改即为通用代码，可以直接迁移到其他系统中。

upFileAccept.php 接收 upFile.php 送来的参数值与上传的文件本身，对上传状态分别予以处理，对于未超过上限且合法的文件，将其转移到指定的文件夹中，并在数据表中予以记载，upFile.php 与 upFileAccept.php 是通用程序，可不做任何修改迁移到其项目中。

upFileAccept.php 的代码如下：

```
    <html><head><title>上传文件状态</title>
    <meta http-equiv="content-type" content="text/html;charset=utf-8">
    <link href="css/styleProf.css" rel="stylesheet" type="text/css" media="all">
</head>
    <body style='text-align: center;'>
    <table border='0' align='center' width='990' ID="Table1">
    <tr><td align='center'><img src='images/piantou2ding.jpg' width='100%' height=
'119'>
    </td></tr></table>
    <hr align="center" size="4" style="COLOR: red">
    </div>
    <?php
    $nextMsg="";
    //基本变量
    $id=trim($_POST["id"]);
    $tablename=trim($_POST["tablename"]);
    $fileFiledname=trim($_POST["fileFiledname"]);
    $studno=trim($_POST["studno"]);
    $workfilesize=trim($_POST["MAX_FILE_SIZE"]);
    $len=$_FILES['upfile1']['size'];
    $upMsg=trim(urldecode($_POST["upMsg"]));
    //上传变量
        if($_FILES['upfile1']['error']==1)
    {
        //出错了
        $len=$_FILES['upfile1']['size'];
        $nextMsg="错误 1，上传文件长度为".$len."超过最大长度 40*1000*1000";
    }
    else if ($_FILES['upfile1']['error']==2)
```

```
{
    //出错了
    $len=$_FILES['upfile1']['size'];
    $nextMsg="错误 2, 上传文件长度为".$len."超过最大长度".$workfilesize;
}
else if ($_FILES['upfile1']['error']==3)
{
    //出错了
    $nextMsg="错误 3, 只上传部分文件";
}
else if ($_FILES['upfile1']['error']==4)
{
    //出错了
    $nextMsg="错误 4, 没有上传文件";
}
else if ($_FILES['upfile1']['error']==0)
{
    //上传成功了
    $tmpfile=$_FILES['upfile1']['tmp_name'];//临时文件名
    $workfilename=$_FILES['upfile1']['name'];//本地文件名
    $dir=$tablename."/";                     //表名为文件夹
    $ext=substr($workfilename, strrpos($workfilename, "."));
    $destFn=$dir.$fileFiledname."_".$id."_".$studno.$ext;
    $len=$_FILES['upfile1']['size'];
    if (is_uploaded_file($tmpfile))
    {
        //临时文件名是上传的
        if ($len>$workfilesize)
        {
            $nextMsg="上传文件长度为".$len."超过最大长度".$workfilesize;
        }
        else
        {
            if(move_uploaded_file($tmpfile, "$destFn"))
            {
                //如果转移到指定的文件夹成功, 则在数据表中做记录
                //生成查询语句
                $submityear=date("Y");
                $submitmonth=date("m");
                $submitday=date("d");
                $submitip=get_ip();
                $sqlstat="UPDATE $tablename SET submityear=$submityear,
submitmonth=$submitmonth, submitday=$submitday, submitip='$submitip', workfilename=
'$destFn', localfilename='$workfilename' WHERE id=$id" ;
                //参考查询成绩 queryScore.php 连接数据库, 执行查询语句
                $serverName = "localhost"; //数据库服务器地址
                $uid = "php2015"; //数据库用户名
                $pwd = "123456"; //数据库密码
                $db="stud2015";
```

```php
                        $connectionInfo = array("UID"=>$uid , "PWD"=>$pwd ,
"Database"=>$db);
                    $conn = sqlsrv_connect( $serverName, $connectionInfo);
                    if($conn == false)
                    {
                        $nextMsg="连接失败!, ".sqlsrv_errors();
                    }
                    else
                    {
                        $query = sqlsrv_query($conn, $sqlstat);
                        if($query)
                        {
$nextMsg="已经成功上传".$workfilename;//, 语句是: ".$sqlstat;

                        }
                        else
                        {
    $nextMsg="已经成功上传".$workfilename."，保存信息到数据表失败，原因是：
".sqlsrv_errors().",语句是: ".$sqlstat;
                        }
                    }
                }
                else
                {
                    $nextMsg=$tmpfile."无法转移到".$destFn;
                }
            }
        }
        else
        {
            $nextMsg=$tmpfile."不是合法上传文件";
        }
    }
    echo "<div style='text-align: center;width: 990px;margin: 0 auto;color:
red;font-size: 18;'>";
    echo $nextMsg;
    echo "<br>";
    echo "请直接关闭当前页面! ";
    echo "</div>";

    //获取用户 IP
    function get_ip() {
    if(getenv('HTTP_CLIENT_IP')) {
    $onlineip = getenv('HTTP_CLIENT_IP');
    } elseif(getenv('HTTP_X_FORWARDED_FOR')) {
    $onlineip = getenv('HTTP_X_FORWARDED_FOR');
    } elseif(getenv('REMOTE_ADDR')) {
    $onlineip = getenv('REMOTE_ADDR');
    } else {
    $onlineip = $HTTP_SERVER_VARS['REMOTE_ADDR'];
    }
    return $onlineip;
```

```
}
?>
</body></html>
```

小　结

本章结合了若干案例介绍 PHP 数据库设计的全部过程。首先介绍了相关软件的安装和配置，然后学习 PHP 的基础语法。并介绍了如何通过 PHP 组件进行数据库的增、删、查、改操作。最后一节通过一个综合案例，介绍 PHP 操作 SQL SERVER 数据库的整个步骤。

习　题

一、单选题

1. php 的源代码是（　　）。
   （A）开放的　　　　　（B）封闭的　　　　　（C）需购买的　　　　　（D）完全不可见的

2. php 的输出语句是（　　）。
   （A）out.print　　　　　　　　　　　　（B）response.write
   （C）echo　　　　　　　　　　　　　　（D）scanf

3. php 的中标量类型中整型类型的英文单词是（　　）。
   （A）boolean　　　　　（B）string　　　　　（C）integer　　　　　（D）float

4. php 的转义字符"反斜杠"是（　　）。
   （A）\n　　　　　（B）\r　　　　　（C）\t　　　　　（D）\\

5. php 遍历数组使用的是（　　）。
   （A）print　　　　　（B）forecah　　　　　（C）echo　　　　　（D）scanf

6. php 的变量在声明和使用的时候变量名前必须加（　　）。
   （A）$　　　　　（B）%　　　　　（C）&　　　　　（D）#

7. 下面程序段输出结果为（　　）。

```
<?  $a=3
  if($a%2==0) echo "偶数";
  else  echo"奇数";
?>
```

   （A）偶数　　　　　（B）奇数　　　　　（C）合数　　　　　（D）显示错误

8. 以下程序输出结果为（　　）。
   （A）5050　　　　　（B）4950　　　　　（C）5100　　　　　（D）5049

```
<?
  $b=2;
for(;$b<=100;$b++)
{$sum=$sum+$b;}
echo $sum;
?>
```

9. 运行下面程序段，输出结果为（   ）。

```
<?  $arr=array (3, 5, 7, 9, 6);
  echo $arr[3];
?>
```

（A）3　　　　　　　　（B）5　　　　　　　　（C）7　　　　　　　　（D）9

10. php 自定义函数返回内部值，使用的返回函数是（   ）。

（A）printf　　　　　　　　　　　　　　（B）md5

（C）return　　　　　　　　　　　　　　（D）function

11. 以下（   ）不是 php 的标记风格。

（A）<?... ?>　　　　　　　　　　　　（B）<?php... ?>

（C）<%... %>　　　　　　　　　　　（D）<+... +>

12. 以下（   ）注释风格是 php 的多行注释。

（A）//...　　　　　　　　　　　　　（B）/*   */

（C）#...　　　　　　　　　　　　　　（D）!... !

13. 下列代码运行结果是（   ）。

```
<?php
$array=array("1"=>"华", "2"=>"育", "3"=>"国", "4"=>"际");
if (array_key_exists("2", $array)) {
echo "该键为数组中的键";
}else {
echo "该键不是数组中的键";
}
?>
```

（A）该键不是数组中的键

（B）该键为数组中的键

（C）Array（[0] =>华 [1] =>育 [2] =>国 [3] =>际 ）

（D）Array（[1] =>华 [2] =>育 [3] =>国 [4] =>际 ）

14. 以下代码执行结果为（   ）。

```
<?php
mysql_connect("localhost","root","")
$result = mysql_query("select id, namefrom tb1");
while($row =mysql_fetch_array($result, MYSQL_ASSOC))
{echo "ID: " . $row[0] ."Name: " . $row[];}
?>
```

（A）报错

（B）只打印第一条记录

（C）循环换行打印全部记录

（D）无任何结果

二、问答与编程题

1. 简述使用 php 从创建数据库到插入一条记录的步骤。

2. 编程显示九九乘法表。

3. 创建一个包含表单（Form1）内容的 HTML 文件，表单包括 name title body。

并创建 PHP 程序文件接受表单提交的数据，并输出 HTML（输出格式如下表所示）。

Name	[name 内容]
Title	[title 内容]
Body	[body 内容]

4. 编写一个用户注册的页面，需要录入用户名、密码、用户的真实姓名等项。录入的数据可以提交到服务器端，写入到 users 数据库的 user 表中。user 表的结构如下表所示。

含义	名称	数据类型
姓名	Name	Char(20)
登录名	Logname	Char(6)
密码	Pswd	Char(8)

数据在服务器端录入前需要验证数据库中是否已有相同登录名的用户存在。